U0797050

定力

精装版

处变的修养

志辉 著

时事出版社
北京

图书在版编目（CIP）数据

定力：处变的修养 / 志辉著 .—北京：时事出版社，2020.2（2024.2 重印）

ISBN 978-7-5195-0338-3

Ⅰ . ①定…　Ⅱ . ①志…　Ⅲ . ①人生哲学 – 通俗读物　Ⅳ . ① B821-49

中国版本图书馆 CIP 数据核字（2019）第 271477 号

出 版 发 行：时事出版社
地　　　址：北京市海淀区彰化路 138 号西荣阁 B 座 G2 层
邮　　　编：100097
发 行 热 线：（010）88869831　88869832
传　　　真：（010）88869875
电 子 邮 箱：shishichubanshe@sina.com
网　　　址：www.shishishe.com
印　　　刷：河北省三河市天润建兴印务有限公司

开本：880×1230　1/32　印张：8　字数：180 千字

2020 年 2 月第 1 版　2024 年 2 月第 4 次印刷

定价：48.00 元

（如有印装质量问题，请与本社发行部联系调换）

前言

定力指的是目标持久、信念执着、意志坚强、果断决策的良好心态和应事方式。心有定力者能不为物役、不为境转，遇事淡定从容、沉着冷静。说到底，定力就是一个人的心性。心性是本，定力是表，定力强是心性强的一种表现，可以化不利为有利，变腐朽为神奇。

从古至今，世人学成一门技艺，成就一项事业，无不要靠定力。学文者有定力，方可耐得住寂寞，守得住繁华，博览群书，潜心著述，有所成就；无定力，便会为浮名近利所诱惑，被本能欲望所驱使，心神旁骛，意不在学，或半途而废，或止于小成。习武者有过人之定力，方可冬练三九，夏练三伏，面对强敌，从容镇定，临危不乱，后发制人；无定力，便吃不得苦，耐不得劳，临阵对敌，神慌招乱，未战而心先败。观今日，想成事者同样需要定力。定力意味着心态平和、不偏不倚。如此，才能在喧嚣浮华中恪守正气，在忍辱负重中蓄势待发，在新机遇中借势起飞。

“众鸟高飞尽，孤云独去闲”；“不管风吹浪打，胜似闲庭信步”；“闲看庭前花开花落，漫随天外云卷云舒”，简单一个“闲”字，却显示出一个人非凡的人生定力。人这一生必须有坚、诚、恒之心，才能有大定、修大行、成大果。心有定力，方能生出智慧。

总而言之，人生道路上不光有鲜花和阳光，更多的是辛酸和泥泞。但只要你心有定力，处处皆可为坦途。

目录

—— 上篇 ——
定得住才能行得远

—— 下篇 ——
沉住气才能成大器

第一章　承载寂寞，忍耐苦痛：心志上要沉得住气

第二章　胸藏甲兵，腹隐韬略：谋略上要沉得住气

第三章　鲁莽是魔，冲动是鬼：情绪上要沉得住气

第四章　动如脱兔，静如处子：行动上要沉得住气

第五章　睿智从容，淡定取舍：抉择时要静得下心

第六章　收敛锋芒，不骄不躁：处世上要沉得住气

上篇

定得住 才能行得远

一个人在面对钱财、名利、得失时，往往容易迷失自我。这时，你需要先稳住自己，而后智慧行事。定得住，才能放下宠辱得失，不被外界所惑；定得住，才能心智清醒，审时度势，把控全局。临危而不乱，处变而不惊，方可在人生路上走得稳，行得远。

第一章　极重大之时，沉得住便是静者

事有大小，静为常态沉住气性，在烦琐之中钻研出学问，重大之时修炼出气度，才能不痴不妄。人生之静，并非生活如一潭死水，不起波澜，而是静心忍性，在磨难中提取智慧，使自身达到自如的境界。一双慧眼，一颗慧心，自可化厄运为幸运，于绝境处觅得转机。

人生如处荆棘丛林，静则不伤

一次，庄子与一位君王谈话时，看到一只猴子在树林间跳跃。君王对庄子说：“您瞧这只猴子身手灵活，在树林之中游玩，多么自在，多么开心。”

庄子看着那只不断跳跃的猴子，笑着对君王说：“这猴子现在虽然开心，但如果有一天，它误入荆棘丛中，就算有再灵活的身手，也一筹莫展。”

智者曾说：“人生在世，如身处荆棘丛林。”这句话说得真好，形象贴切，让人感同身受。有时候，我们也会觉得自己像庄子口中的猴子，身在荆棘丛中，有一身本领也无法施展。然而，智者又说：“心不动则人不妄动，不动则不伤；如心动则人妄动，则伤其身、痛其骨，于是体会到世间诸般痛苦。”可见，一个人之所以会痛苦，并非源自他的经历，而是心境。

每个人的生活都是历经苦难的历程。曾有哲人这样评价婴儿的啼哭：“因为他从此离开母体的呵护，独自一人在这世间漂泊，要忍受种种痛苦与煎熬，他怎么会不哭呢？”是的，在人生的道路上，没有人能够一帆风顺，成长的每一步都伴随着困境与伤痛，这些伤痛甚至会变成心灵的划痕，留下大大小小的伤疤，任谁也避免不了。

生活在都市中的现代人，特别是那些为生计奔波的人，更加理解“苦”的含义。忙碌的工作、巨大的生存压力、复杂的人际关系，使他们的内心日渐疲乏，好像每一天都生活在焦虑与失望中。焦虑，是因为压力得不到合理疏解，思虑越来越重；失望，是因为理想与现实差距过大，对自己、对他人、对环境产生了不满。

那么，当深陷焦虑与失望中时，该如何有效地疏解呢？心病还需心药医，但这份心药不能依靠他人，因为他人不是你，他人只能按照他的思维方式来帮你出主意，那主意也许好，却未必适合你。环境从不迁就任何人，人只有适应环境才能更好地生存。而你需要自己领悟生存的智慧：尘世喧嚣，气静人则平，神静人自清，心静人则悟。

有位禅师，云游四方，最后回到出家的寺院。他每天都会坐在大殿里通宵打坐。

这一天，寺里发现功德箱少了一大笔钱。大伙都说，昨夜并没有人进入大殿，一定是打坐的禅师偷走了这笔钱。

面对众人的指责，禅师并不解释，也拿不出那笔钱。大家认定他就是小偷，每天都对他投以鄙夷的目光。而禅师却心平气和，照常打坐，没有流露出半点不满。

这样的日子过了半个月，出去办事的住持回到寺院，听说这件事后连忙说："那笔钱是我拿走的，你们冤枉他了！"众人连忙去向禅师道歉，他们都说："在这样的怀疑下竟然能做到不慌张，以一颗平常心生活，这才是真正的修为和境界！"

在别人不相信你的时候，任何解释都是徒劳的。别让旁人的猜测伤害你的内心，以淡定的心态对待是是非非，这就是"静者不伤"。

心静，就是心中没有妄念，没有不合时宜的冲动，自然不会草率行动。心静者深知三思而后行的重要，他们在面临困境时，能够容忍误解与困苦，这并非逆来顺受，而是积蓄后劲，等待时机，扭转局面。

有一首歌叫《沉默是金》，其中一句歌词是："是错永不对，真永是真。任你怎说，安守我本分。"心静者知道沉默的可贵，特别是在喧哗的人群中，沉静的人自有一种气度，让人不敢小觑，不愿生疑。如果能够守住本心，不随波逐流，不人云亦云，凡事有自己的原则，久而久之，就会令人信服、令人尊敬。不必在乎糟糕的外界环境，把静与默当作保护自我的盾牌，足可抵御外界的真真假假，保持内心的平和。

静水流深，大音声希

慧远禅师与无定禅师一起品画。慧远禅师说："画能够传达画师的心声，看一张画，就能够看出画画人的性格。"无定禅师说："那你说说，哪一位画师最有品格。这一张如何？"

那张画画了春日田野，春光无限。慧远禅师说："此人心内被春光所染，乃世俗之人。"

"那这一张如何？"无定禅师又指向另一幅画，那画上有深山一座，古刹一方，幽深宁静。慧远禅师说："此画有出世的冷僻，但太过凄清，乃避世之人。"

"那么，哪一张画的画者最具品格？"无定禅师问。慧远禅师指向另一张画，画上风雨交加，乌云翻滚，雷电轰隆，而山崖间有一鸟巢，里面的母鸟护着小鸟，径自入睡。

"您说得没错！"无定禅师惊叹，"这是我国最有名的智者所画！"

艺术作品往往最能反映一个人的格调。古人能从一个人的墨迹中揣度出其的为人与禀性。画作同理：内心浪漫之人喜欢画明媚春光与花花草草；孤僻内敛之人喜欢画深山古寺，以标榜自己的清幽雅致；内心平静之人则会通过暴风雨中的闲庭信步来表达内心的安泰。

人生难免经历风雨，这风雨也许是一次失败，也许是突如其来的打击，也许是一场意外，也许是长久以来求而不得的失落，也许是内心对现状不满而带来的不安稳心态。这时最能考验一个人的定性如何：是惊慌失措，还是坦然面对？有一句诗写出了一种大无畏的气魄："不管风吹浪打，胜似闲庭信步。"闲庭信步，指的是在大风大浪中沉得住气，就如画中那只在暴风雨中安睡的鸟，因为心中没有畏惧，所以何时何地都安然。

宁静是一种有容乃大的心态，就像一汪深潭，深不见底，表面上看起来却平静无波，因为它"心有容量"，不会因外界的一点响动而翻腾不已。倘若人的心胸能够像沉静的流水，自然能够容纳外界的一切声响。要想修炼自己的内心，就要扩大它的容量，让它如一泓深水，包容更多的喜怒哀乐、悲欢离合。

中国古代的皇帝很重视世人对自己的评价，他们生前不但会为自己建好豪华的陵墓，还会关心自己的碑文。皇帝们都希望碑文中写满自己的丰功伟绩，供后世永远怀念。

在众多帝王中，只有武则天独树一帜。她嘱咐其死后，不要在墓碑上撰写任何碑文，就留下一块无字碑给后人任意评说。

历朝历代，不少人对这块无字碑向往不已，认为比起连篇累牍的赞颂文字，这块无字碑才真正体现了女皇的心胸与远见。她没有说任何一句话，人们却对她念念不忘；没有写一个字，却字字印在了后人的心上，这大概就是古人所说的“大音声希”。

宁静是一种力量，让人远离世俗的喧嚣，保持个性的独立与心性的完整。古语说：“大音声希。”“大音”就是大道，真正的境界不需要声音，沉默的力量远胜于喧哗。真正聪明的人不会炫耀自己的聪明，真正成功的往往是那些懂得默默努力的人。与其高声呼叫，提醒众人自己的存在，不如默默流淌，将生命流成一条静静的长河，供人敬仰和评说。

流言声中过，是非不沾身

有位禅师，画艺极佳，是众所皆知的高手。但是，他每次为人作画，都要求求画的人先付酬金，否则便不肯动笔。每当他出现在城里，大家就会说：“那个吝啬的画师又来了。”

禅师的一位朋友每次见状，会极力为禅师澄清：“他之所以索款，是因为他的师父生前曾许愿在山上造一座庙，他是为了帮师父还愿。”然而，不管禅师的朋友如何解释，人们都更愿意相信禅师是个贪财之人。禅师也不辩解，照旧为人画画，画前索要酬劳。

一日，禅师为一位官员画了一幅游春图，画罢掷笔道：“吾师心愿已了！”没多久，山里便开始动土建庙。自此，禅师画画只为自娱，再也不收人钱财，人们这才相信禅师朋友的话。

不论古今，大众标准都是人们遵循的惯常标准，大众的评价就代表了主流的看法。所以，在众人看来，倘若很多人都说这个人不错，那么他的品格应该很好；倘若多数人说他不好，那么至少他在人品上存在一些问题。人们相信，群众的眼睛是雪亮的，不可能所有人都犯错。这其实是从众效应带来的误区，同时也为流言的滋生提供了有利条件。

将一件莫须有的事情传开，假的似乎也成了真的。没有人喜欢流言，但谁也避不开流言。面对流言，有些人不断解释，结果却是火上浇油，越烧越旺；还有人无法解释，只得终日为流言苦恼。民国时期，女星阮玲玉就因不堪流言困扰而选择自杀，留下“人言可畏”四个字做遗言。流言有时会变成心灵的毒瘤，人们需要小心处理，才能不被它伤害。

小徒弟向师父诉说烦恼：他为人聪明，很得师父欢心，于是师兄弟们经常议论他，说些闲话，他在气愤的同时也十分委屈难过。

“是你在说闲话。”师父听完小徒弟的抱怨后说道。

“他们居心不端，胡乱议论。”小徒弟又说。

“现在是你居心不端，胡乱议论别人。”师父说。

“他们经常盯着我，多管闲事。”

“是你盯着他们，多管闲事。”

小徒弟生气地说：“我这是在关心我自己，管我自己的事！”

师父平静地回道：“他们说闲话，就让他们说去，你好好做你的事，为什么要管他们在做什么？否则，你岂不是成了和他们一样的人？”小徒弟听了觉得很有道理，便不再理会师兄弟们的议论。没过多久，那些流言就渐渐消失了。

凡他人之言，由耳入心，便是是非；经耳不经心，为闲语；不入耳不入心，是为禅定。一个人开始关心他人的闲话，就很容易变成一个说闲话的人。想要不受流言困扰，就要远离流言。不要去理会传播流言的人，不要去计较别人有没有议论你，议论了什么，更不要为几句流言动气。内心没有杂念，流言自然无处生根；内心有杂念，就会像故事中的小徒弟一样，烦着别人，搅着自己，两相不得安宁。

一个人如何才能做到心无杂念？一杯水如果不停地搅拌，即使是清水，也会变得混浊不堪。而一杯混浊的水只要放在那里不去动它，慢慢地，杂质就会沉淀，水就变得透明澄清。一个人的内心也是如此，不停接触是非，只会越来越乱，不得清静。相反，那些愿意沉淀自我的人，即使面对流言飞语，也能够做到不听不看。

人们常说："时间会证明一切。"时间能够让他人分辨出一个人的好坏、一件事的优劣，也能够让我们更加了解自己、认清方向。心不静的时候，先让自己静默，把一切交给时间。清者自清，浊者自浊，流言终有一天会平复。那时候，人们会看到真实的你，以及你面对流言蜚语时泰然自若的态度。

谋定而后动，临危而不乱

成公贾是古时楚国的一位贤人，他很关心国政，尤其是看到楚国朝政混乱，登基已三年的楚王却不闻不问时，不禁为国家深深担忧。于是，他决定当面劝谏楚王。

楚王客气地接待了成公贾。成公贾对楚王说："我是街里闲人，近日听说这样一件事，想来问问大王明不明白。有人说他看到一只身披五色花纹的大鸟在楚地已经有三年，可是它从来没有叫过一声，不知是什么原因。"成公贾用了一个比喻，五色花纹的大鸟是指楚王，不叫一声是说他对内政外交毫不关心。

楚王说："看来，这一定不是一只凡鸟，它一动不动，是在积蓄自己的力量，等有一天一飞冲天、一鸣惊人，你何不拭目以待？"成公贾当即明白了楚王的意思。没多久，楚王羽翼丰满，对内任用贤良，铲除贪官污吏；对外讨伐外侵，打败楚国的敌人，果然"一鸣惊人"。

面对混乱的朝政，一个国君应该有所作为；面对困境，一个人也应该有所作为。"有所为"代表着一个人的能力和担当，但是一个人不能为了向他人彰显自己的能力而莽撞行事。当实力不足以一鸣惊人时，先养精蓄锐，积累实力，创造条件，这才是智者所为。

人生难免遭遇困境，困境让人束手无策、寝食难安，有时还会消磨人的斗志，让人变得庸碌无为。每个人最初都是心怀梦想的跋涉者，有些人能成功，有些人以失败告终，并不是因为他们能力有差别，而在于他们是否能够突破困境。一旦开始跋涉，就要有面对困境的心理准备，路途越长，困境越多，就更需要有冷静的头脑。

应对大事最好的办法是厚积薄发，但在平日就要默默积累自己的力量，以备不时之需。谁也不知道自己会遇到什么情况，所以具备雄厚的资本至关重要，这资本包括学识、能力、资金，也包括经验和对自己能力的自信等。时时刻刻磨炼自己的人，才能在大事面前沉得住气。

哈里和皮特是好朋友，他们共同出海经商，赚来一箱金银珠宝，他们准备带着这箱珠宝回家乡过富足美满的生活。一天夜里，哈里和皮特突然听到水手们在低声说话，原来这些水手心怀歹意，他们想杀掉哈里和皮特，吞掉那箱珠宝。

哈里和皮特惊恐地看着对方，但他们到底是老道的商人，立刻打定了主意。哈里站起身对皮特大叫："你这个魔鬼！你这个贪心的人！我过去真是瞎了眼，竟然把你当成我的朋友！"皮特也不甘示弱地说："你才是个魔鬼！你竟然想独吞珠宝！我就算把它们扔掉也不给你！"说着，他抱起珠宝箱，从窗户扔进了大海。

当水手们冲进来时，看到哈里和皮特正在咒骂对方，那箱珠宝已被他们扔掉，只好悻悻而去。之后，哈里和皮特平安到达港口，立即通知警察，将恶毒的水手抓了起来。

关于重大事件，人们通常会遇到两种情况：一种是困难摆在眼前，你缺少克服它的能力，只能默默积攒实力，努力寻找突破口；另一种是困难突然来临，你没有慢慢积攒的时间和机会，只能立刻做出抉择，唯有如此才能在危急关头保护自己。

在危急关头，人们最需要的仍然是"静"，心态平静，头脑冷静，如此才能调动自己的全部聪明才智，以最快的速度想到解决的方法。就像故事中的哈里和皮特，他们知道惊慌没有用，便果断选择了舍财保命，断了匪徒的后路，给自己留下生路。

任何时候，冷静都是成功者必备的素质。冷静，既能让自己在复杂的形势中占据清醒的视角，不致被蒙蔽；又能让脑筋不被突发事件扰乱，无法做出思考。就像发生地震等意外时，恐慌的人在大叫，冷静的人立刻寻找安全地点。多一分冷静，就多一分安全保障。

临危不乱的人有大将之风，因为冷静沉着，即使在短时间内，他们也会习惯性地条分缕析，做出最正确的判断，制定出恰当的计划，这仍然得益于平日的深思熟虑。把深思作为一种习惯，凡事多想想，多看看，你收获的将不只是宁静的内心，还有生存的智慧。

急功近利的人，往往得不偿失

古时候，有个青年拜后羿为师学习射箭。

青年很刻苦，但难免急躁，总是问后羿："师父，我射得如何？有没有进步？"

后羿是位温和的长者，每次都鼓励他："有进步，但是还要更加努力。"

青年心急，有一天抓着后羿说："师父，你告诉我，要成为你这样的神射手，需要多少年？”

后羿说：“十年！”

青年说：“十年太久了，如果我每天加倍苦练，需要多久？”

“八年。”

青年更急了：“师傅，如果我把吃饭睡觉的时间也拿来练箭，是不是五年就行了？”

“不，”后羿说，“那样的话，你成不了神射手，因为没几天你就累死了。”

自古以来，成功是每个人的梦想，有些人只做梦不行动，希望天上掉馅饼，所以一辈子碌碌无为的。还有人愿意为梦想付出时间、精力、汗水，只要能够达到目标，他们可以一直付出。也许就是因为付出太多，用心太深，他们才会迫切地想要知道：如何以最快的方法达到目标，并由此产生了急功近利的念头。

有这样一则笑话：一个男人吃了五张饼不觉得饱，吃完第六张肚子饱了，于是就埋怨自己为什么要吃前五张饼。急功近利的人就与这个男人相似，他们太过注重第六张饼的实效，从而忽视了前五张的积累，实际情况是：没有第六张，男人最多觉得有点遗憾；只有第六张，男人的饥饿感只会越来越强。

一步登天只存在于幻想中，不切实际的渴望只能阻挡人们前进的步伐。一个人的身或心若被欲望占满，就会失去机遇与收获的空间。

一位君王向人学习驾车技巧，经过一段时间的训练，他要求老师与自己比赛，结果惨败。君王说:“寡人敬重你的技能，拜你为师，你怎能不好好教授?”老师说:“微臣已经将全部技术传予大王，大王之所以落败，并不是技不如人，而是心态不好。”

“你说说，寡人的心态怎么了?”

“我在比赛的时候，一心观察马的状态，马累的时候，我会让它稍慢一点，然后再催促它飞奔，我一直注意的是比赛本身。大王您驾车的时候，一心只想超过我，在我后面时，您不顾马的状况，一味追赶；超过我后，不时回头看我有没有赶上来。您只注意能不能得胜，根本没有心思考虑如何与马配合，这才是您落败的原因!”

一心想着成败得失的人，无法顾全大局，常常顾此失彼，自然落了下风。急功近利之人之所以没有一颗宁静的心，是因为他们太过重视结果，忘记了胜利需要一点一点积累。捷径也许存在，但不会时时存在、事事存在，偏偏有人做任何事都想着投机取巧。的确有人靠投机得到成就，不过，投机取巧的人始终比那些埋头苦干的人少了一些东西，那些人的脚步是实的，他们的却是虚飘飘的，有一天遇到狂风，就再也站不稳了，会露出原形。而那些脚步扎实的人，从来不惧怕风雨。

每个人都有想实现的愿望，心有定力者不会采取不正当的方式，更不会在条件不成熟时冒进，因为他们知道，生活的真味要慢慢品，过程比结果更值得投入。

把事情做透，于深耕细作时沉住心性

禅师正在诵经，他的徒弟在旁侍奉。冬日天寒，禅师下令："徒儿，你拨一拨炉子，看看还有没有火。"徒弟于是在炉中拨了一拨，说："师父，没有火。"

禅师站起身，亲自拿起火钳，伸入炉中深深一拨，结果拨出点点火星。他问徒弟："徒儿，你说没有火，那这个是什么？"

徒弟说："是徒儿未曾深拨。"

禅师说："万事有始必有终，只知始，未知终，非悟者。"

"只知始，未知终，非悟者"，禅师说的这句话与《诗经》中的"靡不有初，鲜克有终"一句有异曲同工之妙。意思是说，能够开始的人很多，坚持到最后的却很少。禅师认为，做事要深入，不要停在表面，不论什么事，做得深入一点，就能了解得透彻一点，得出的结论也会更加准确。

一个人的能力、阅历是有限的，谁也不能保证自己能将所有事做好，但是有心的人会把一件事做透。把事情做好，固然能达到我们的目标；把事情做透，有时则达不到目标，却也会有另一番收获。只有把事情做透，才能真正了解一件事情，得到做事的学问和方法。深耕细作的粮食与播种机大面积种下的粮食都能获得丰收，但前者无疑比后者口感更佳、营养更丰富，这就是“透”与“不透”的区别。

把事情做透是提高能力的有效方法。想要全面了解一件事，就要从各方面尝试，从更多的角度看清事物的全貌。而且，多数人在实践中能够触类旁通，通过一件事思考到更多的事。所以，当一个人把一件事做透，他会发现自己同时做了很多件事，在无形中提高了自己的能力，并对自己有了更充分的信心。

一位漫画家在网站上连载一部少年漫画。因为设计新奇，男女主角个性讨喜，这部漫画一经推出便获得众多追捧。连载两年后，漫画家感到后继无力，读者们也渐渐对这部作品失去了兴趣。那家网站对这类作品的一向做法是“腰斩”，即在一个月之内草草结束，给其他作品腾出地方。

接二连三的打击使漫画家本人也对这部作品有些厌烦，

但他做事认真，决定给这部作品一个相对完美的结局。于是，他依然精心构思，认真作画，对不满意的部分反复修改。

没想到最后一个月，形势突然出现逆转，漫画家的诚意让这部漫画更加精彩，众多读者表示这部作品还有很多潜力，希望网站继续力推。在读者的要求下，网站决定继续连载。作家也终于突破瓶颈，给了这部漫画一个更好的未来。

漫画家的作品即将面临“腰斩”，他对自我的要求就是尽可能将事情做透，即使结果不让人满意，也要竭尽全力，让自己不留遗憾。当人下定决心后，就能心无旁骛，这时往往能注意到平时没有注意到的东西，激发出从未有过的灵感，从而开创一个新的局面。可见，把事情做透，才能把事情做好。

如何才能把一件事做透？关键要沉住气，专心，持久，不服输。沉住气，就是我们说的心静，在任何时候都不要忙乱慌张；专心，就是说不要吃着盆里的惦记着锅里的，要全神贯注地做事；持久，是指要有计划、有策略，不能急于求成；不服输，是说在暂时的挫折面前要懂得迂回，以退为进，冷静地寻找解决办法。这些因素加起来，再加上愿意思考的头脑，就能将一件事做透。

心灵的修为同样追求“透”，即看透世事，参透人生。想要达到“透”，就要静思，审慎地思考一件事情的方方面面，包括它产生的原因、过程中的每一个转折，以及相应的结果等。

只要仔细观察过几件事，就会发现事事相通，任何事的起伏都有相似的地方，这个时候，智慧就产生了。因为通透，即使不能知晓一切，也能知道大致的方略，遇事就不会失去方寸。静者因透生静，因静而透，这就是修心的真意。

第二章 极复杂之时，拆得开便是智者

心灵没有智慧，如行路没有双目，纵然路走得再多，事做得再好，也会偏离目标，达不到想要的效果。想要选对做事的方法，先要有做对事的眼光，这便需要智慧。

世事难免复杂，看得透起因，理得清条理，找得出重点，然后权衡得失，周详布局，谨慎从事，这才是智者行事的最佳方法。

千头万绪总有源，机变则通达

一天，弟子们被召到堂前，师父对他们说："我身患重病，就要离世，我要从你们中间选出一位来接替我。"他顿了一顿，接着说，"现在，你们就去对面的山上砍柴，谁砍的柴最好，我就选谁做下一任的掌事。"

弟子们听完，立刻去后院拿起柴刀，准备上山砍柴。谁知近日下了暴雨，山前河水暴涨，木桥被冲断，附近找不到渡船，弟子们想了不少办法，还是没办法过河，只好无功而返。

师父躺在床上一言不发，这时，最后一个弟子回来了，对他说："师父，最近下了暴雨，我没法渡河上山，不能砍柴。不过，我看到岸边果树经过一场秋雨，倒结了不少果子，我摘了几个顶好的给您尝尝，您一定要宽心养病。”

师父微笑着说：“万事万物讲究随缘而化，难得你如此机变，今天起，你就是这里的掌事了。”

什么是智慧？智慧不是一本书、一句话，而是在需要的时候，能为人解决实际问题的本领和能力。智慧来自书本，来自师长的教育，来自为人处世的经验，最重要的是来自于我们的思考。万事万物都蕴涵着智慧，能够认真观察的人，自然会对智慧心有所感，加以提炼。智慧的关键在于灵活机变，因为人要面对的事情总是有各种面貌，必须有一颗机变的心随时加以应对。

机变的人不去钻牛角尖，不会把一个问题想死，也不会轻易对一件事、一个人下结论。他们崇尚变通，就像宽广的河流，可以笔直地流动，也可以绕过高山，最后到达海洋。难怪人们说智者乐水，智慧像水，即使兜兜转转，最后也能殊途同归。

晋代著名书法家王羲之，墨宝无价，在当时就有人为得到他写的一个字而绞尽脑汁。不少达官贵人都不能让王羲之动笔，可是有个人却让王羲之抄了整整一部《道德经》，也算是奇闻一件。

这个人是个道士，他知道王羲之名满天下，不肯赐字于人。攀交情，他没有；用钱财，王羲之不稀罕。于是，道士想出一个偏招，他知道王羲之平日最爱白鹅，就养了一群白鹅，待白鹅长大，故意让王羲之看见。王羲之看到那群白鹅个个精神漂亮，比自己家里的鹅不知好上多少倍，就生了羡慕之心，提出要买这群鹅。道士说："这鹅不卖，不过如果你愿意为我抄写一部《道德经》，我就将这群白鹅送与你。"

抄写一部《道德经》并不费多少时间，王羲之立刻答应了。就这样，王羲之兴高采烈地赶着白鹅回家了。

"书成换白鹅"是历史上有名的故事，几只白鹅和王羲之的墨宝，价值不可同日而语，可道士靠着他的机变，哄得王羲之乐呵呵地答应了这笔"不平等"交易，这就是智慧行事的妙义：当没有条件的时候，创造条件；当没有突破口的时候，用迂回的方法寻找突破口；当一条路走不通的时候，绕到另一条路上，向别人借一条路，或者干脆自己铺上一条路。世上没有攻不破的堡垒，关键在于你是否懂得智慧地出手。

随着年龄的增长，我们会发现世界并不像从前看到的那样简单，人心也不像想象中那么单纯。但我们会因为此而不做事吗？不会，因为我们心中有自己的目标、自己的底线、自己的分寸。同理，别人做事也都有自己的目标、底线、分寸。

对事情、对他人、对自己要有一种"拆得开"的心态：知道他人的目标，就能更好地共同努力；了解他人的底线，就不会得寸进尺，就能掌握与这个人交往、共事的"度"；明白他人的分寸，就能不冒犯他人，尽量尊重他人。不必感叹事情千头万绪，如同一团乱麻，只要你多多思考，就能把事情化繁为简，从而拆得开，玩得转。

看问题要全面，想办法要周详

一只小猪正在河里洗澡，它问自己的妈妈："我常听人说到'聪明'这个词，怎样才算'聪明'？"妈妈说："聪明很简单，我给你出一个问题，你猜一猜：两只小猪在烂泥塘里打滚玩耍，回到家后，是爱干净的小猪先去洗澡，还是不爱干净的小猪先去洗澡？"

"这个太简单了，当然是爱干净的小猪先去洗！"小猪说。

妈妈只是笑了一下，说："可是爱干净的小猪也不是天天要洗澡。"小猪以为自己答错了，连忙说："是不爱干净的小猪先去洗，因为它身上太脏了！"妈妈仍然摇摇头说："不爱干净的小猪也许习惯脏着身子，不去洗。"

"那就是两只小猪都去洗澡！"小猪说完，看了看妈妈的脸色，知道自己又错了，连忙说，"是两只小猪都没去洗。"妈妈说："都不对，但都有可能，如果你能一次说出四个答案，就说明你考虑问题最周全，这就是聪明。"

一个看似简单的问题，却藏着思维陷阱，小猪的四个答案都是错的，但加在一起却是正确的。很多问题并没有标准答案，很多事需要多重判断，想到每一种可能，这才是周全的回答。这种周全的思维方式，同样是一种“拆得开”。

我们都听过《盲人摸象》的故事，几个盲人去摸一头大象，他们的手触摸到什么，就以为那是大象的样子，于是得出很多荒谬的结论。现实生活中，我们也根据现象的一角，做出错误的推论，却不知现实比我们的想象丰富得多、复杂得多。如果我们不能多看看、多想想，就不能触摸到事物的全貌，更不能找到最准确的应对办法。

同理，我们的心里也存在这种“一叶障目”的死角。我们常常固执己见，被某个观念蒙蔽，听不进别人的劝告，看不到更多的状况，导致为人处世时出现偏颇。更严重的时候，我们变成一个心灵上的盲人，以致常常做错事，常常后悔。

乌龟对他的好朋友老鹰说起自己的愿望：“一直以来，我都羡慕你，希望能像你一样在天空中自由飞翔，看一看广袤的大地，可我知道直到死，我也无法实现这个愿望。”

老鹰仗义地说：“你为什么不早点告诉我？这个愿望我一定帮你实现！明天我带来一根棍子，我抓着一头，你咬着另一头，我就能带你飞上天去！”乌龟欣喜若狂。

第二天，老鹰用爪子抓紧一根棍子，乌龟咬住棍子的另一头，只见老鹰展开翅膀，乌龟听到耳边呼呼的风声，转眼间，它到了半空中！乌龟高兴极了，老鹰也很得意，它实现了朋友的愿望，以后，它可以经常带朋友来天上玩。

没想到不到一个钟头，不幸的事发生了，乌龟一头栽了下去。幸好是摔在了湖里，它没有死掉。老鹰说：“你怎么不牢牢咬紧棍子！多危险啊！”乌龟委屈地说：“我一直咬着棍子，但咬的时间太长，我太累了。”

“那你可以告诉我，我就带你飞下来啊！”

“可是我刚松开嘴，就掉了下来！我们下次还是想一个更加周详的办法吧！”

老鹰想帮助朋友实现在天空飞行的愿望，结果却好心办了错事，差点要了乌龟的命。可见，助人为乐也要讲究方法，结果不好，费再大的力也不讨好。

也许我们早就发现了这样一个事实：和自己有关的事，过程比结果重要；和他人有关的事，结果比过程重要。世界上多数事情也是如此，过程虽然重要，但结果却是人们最看重的。想要达到一个好的结果，就要讲究方法，这个方法就是通过周全思考、妥善筹划得来的。成功不是一句口号，也不是下定决心排除万难就能得到的。

想办法也不是容易的事，一来要有丰富的经验，二来我们的思维常有误区，生活中也常出现我们注意不到的死角。能力需要在实践中不断提高，不必那么急迫。不论何时，尽量让自己的思考周全一些、缜密一些。你会发现，一旦看得全面，事情就不再复杂，问题也能迎刃而解。

说话做事前，先考虑能否承担后果

两只青蛙去旅行，它们游山玩水，最后来到一个寸草不生的村落。更糟糕的是，它们玩得太开心，走得太远，早就忘了回家的路。此时烈日当空，它们干渴难耐，只希望找个地方喝口水，再找个阴凉的地方睡上一觉。

一只青蛙突然欣喜地大叫："前面有一口井！一口井！"说着跳上前去。从井口望下去，是一汪看上去清凉透亮的井水。青蛙说："这可真是绝处逢生，我们只要跳下去就能解渴了。"它的同伴却说："你别着急往下跳，你先想想，跳下去以后，你还能不能跳上来？"

青蛙仔细观察井的深度，果然超过了自己的跳跃能力，如果方才它直接跳下去，很可能一辈子都跳不出这口井了。

多年前的一部电影里有这样一句经典口头禅："黎叔很生

气，后果很严重。”生活中，我们也常常用这句“后果很严重”揶揄自己、调侃他人，不过这并不是一句玩笑话，就像故事中的青蛙，如果它没思考就跳了下去，恐怕就要流着泪说“后果很严重”了。

做什么事都需要想后果，因为事情是你做的，你就要承担这个后果。如果只是小错误，后果不严重，大概只是心中不舒服一下，郁闷一阵子；如果造成严重后果，长时间地影响自己的心情，造成心理阴影，这错误的代价就大了，如果再影响到自己的事业、前程、社交，恐怕就要满大街找“后悔药”了。

更多情况下，后果并非由你一个人承担。如果你承担不了这个后果，就意味着你不仅给自己带来了损失，还会给他人带来麻烦。这样的后果也会极大地影响你在他人心目中的形象，让他人对你的信任度降低。更严重的例子也有：有人没有熄灭一根烟头，造成整栋大楼着火。没有人想故意纵火，有这样的结果只是因为一时行事疏忽，多么得不偿失。

一个孩子做事总是粗心大意，他的父亲教育他说：“不要这么粗心，你没听说过‘千里之堤，溃于蚁穴’？一点小小的疏忽，就会导致大的漏洞。”

“可是，蚂蚁自己要爬过来的话，大堤有什么办法？”孩子反驳。

“古代人在修建大堤的时候，就会预防白蚁，而且人们经常检查大堤，发现白蚁就要及时消灭，这样才不会有安全隐患。你平时写作业不是丢个小数点，就是少个零，这怎么得了？想想你上次的名次，和第一名差了三分，如果你没有忘记那个小数点，就是班上的第一名了！”

“我不在乎是不是第一名。”孩子嘴硬。父亲说：“小数点在卷子上，你可以不在乎。等你长大了，当了设计师，你点错一个小数点，一座楼就塌了，你也能不在乎吗？”孩子终于低下了头。

不论是长堤上的白蚁，还是设计图上的小数点，看起来都微不足道，却可以导致重大事故。天灾和人祸常常因微小的疏忽而发生，一些事情在最初可能很简单，可一旦它变得复杂，就不是我们的意愿能够控制的了。所以，在日常生活中，要养成认真的习惯。

认真是一种可贵的品质，也能为我们带来很多实际的好处，其中之一就是让我们既有专心致志的品格，又有未雨绸缪的危机意识。我们生活的世界并非那么安全，即使看着路灯踩着斑马线过马路，也有可能遭遇车祸。在生活中，更要多多留神，将危险扼杀在萌芽状态，这就是人们常说的“防微杜渐”。

危机意识并不是神经质，时刻以为天要塌了，地要震了，每天紧张兮兮的。防微杜渐也不意味着草木皆兵，每走一步都要左顾右盼，生怕有什么危险、漏洞。过分小心的人常常因太过注意脚下而忽略了大目标。

认真应该是一种习惯，一种心理防御机制，落实在行动上，就是做事时多想一点，多看一眼，多动几下。谨慎的人往往不会把事情搞复杂，因为他早已将其拆成一个个简单的部分，处理得妥妥当当。

做事细致周密，照顾到每一个环节

一个人想拜净空禅师为师，净空禅师说："我这里戒律森严，对徒弟也有严格的要求。如果你诚心诚意想拜我为师，我愿意考虑你。不过，每个新进门的弟子都要负责打扫院子和大殿，你先去做这项工作。"

这个人只想聆听净空的智慧，没想到还有这些无关紧要的杂事，他飞快地扫完地，就去跟净空交差。净空问："你扫干净了吗？"这个人回答道："扫干净了。"

"真的扫干净了？"净空又问了一遍。他说："的确干净了。"

"你不适合当我的徒弟，现在你可以回去了。"净空说。这个人大惑不解，也不大服气。净空说："我在大殿和院子的角落里放了几枚钱币，倘若你认真打扫，看到它们，自然会拾起来交还给我。你没看到，说明你是个只会做表面文章的人，连这么简单的任务都不用心，你能用心参佛吗？”

一个人的行事方式往往能体现他的品格，从一件很小的事，就很容易推断出这个人在平时是如何做事、如何对待他人的。没有人天生就是圣人，品德需要不断培养。修炼品德要从小事做起，不断克服缺点。如果不能常常发现自己的缺点，给自己打个“补丁”，破绽就会越来越大，最后变成人格缺陷。而那种不断完善自我的人，即使不是圣人，也值得人们尊敬。

一个芭蕾舞团平日在市里的文艺中心练习，那里的清洁工工资很高，很多清洁工都希望去那里工作，但那里的清洁工却说：“不要以为这是一个多么轻松的活，我们的工作强度至少是你们的三倍。”

“可是，一群练舞的小姑娘又不会留下多少垃圾。”有人表示不信。

“垃圾不多，但是你要随时留意练舞场，不能有一丝灰尘，也不能有一丁点异物。”

“没有这么严重吧？”

“怎么没有。你要知道，芭蕾舞鞋很软，地板上的一点异物，都会对舞者的双脚造成伤害，怎么能不小心呢？所以我们每天都要反反复复擦拭很多遍，让那些小姑娘放心练舞。也是因为这个原因，我们的工资才比外面高一些。”

故事中的清洁工能够明白芭蕾舞者的不易，也明白自己工作的价值，慎重地对待自己的工作。芭蕾舞者奉献了艺术，清洁工就是艺术的护航人，这种在背后默默付出的人值得我们尊重，而那种细致的做事方式更值得我们效仿。

如何做到细致？根源还在于我们的观察力，在于我们是否能将一件事“拆开”，考虑到每一个环节、每一个步骤。鲁智深拳打镇关西，不忘先为金翠莲父女留后路，这叫细致；乘车时先下车为人开门，这也是一种细致。细致可大可小，就看你能不能考虑周全。大事上细致的人，即使是个粗人，也是个粗中有细的智将；小事上细致的人，虽然可能让人觉得烦琐，但至少他的生活充满小情调，大家都会喜欢与他相处。总之，细致没什么坏处。

常言道：“做人如山，行事如水”。水代表的是灵活，覆盖每一个细节，不留任何空隙，这就是细致。细致的人不易留下破绽。我们警惕破绽，不是为了提防他人，而是深知破绽有可能变为祸端，受害者不是他人就是自己。做事细致，就能让我们的人生像精心织造的锦缎，柔美大方，让人欣羡。

抓住事情的关键点，解决复杂的情况

有位智者每天都要去山间的一个石洞里打坐。附近几个顽童发现了这件事，想要吓一吓这个智者，就埋伏在他回来的路上。他们用树枝掩盖自己的身体，等待智者走来。

智者走了过来，几个孩子探下身，用手抚摸他的头和脖颈，然后迅速藏回树上。他们原以为智者会吓得魂飞魄散，没想到智者一动不动地站了一会儿，一声不响地走了。

第二天，孩子们装作没事人一样去山洞里找智者。一个孩子说："大师，你知道吗，这附近有奇怪的妖怪，每当有人经过树林，它们就会用爪子抓那人的头颈！"

智者和蔼地说："那并不是妖怪，是一些爱玩的孩子。"

"你怎么知道不是妖怪？"

"因为妖怪的手没有那么温暖，也没有那么柔软。"

我们都看过侦探片或侦探小说，那些大侦探总是能根据蛛丝马迹进行详细的推理，然后在众人的惊讶之中揪出那个根本不像凶手的凶手。侦探就是拆解事件的高手，他们头脑清晰、观察仔细、思考周密，所以才能看到别人漏掉的、想到别人想不到的。在此基础上，他们还能产生一些跳跃联想，从而破解一个又一个案件。

一旦抓住事情的关键点，就能很轻易地发现事情的真相。现实生活中，我们要面对的复杂事态，虽然性质与案件不同，但麻烦程度却相差无几。我们也必须像侦探一样将事情拆解，观察，思考，得出结论，解决问题。这样的经验多了，我们就会发现很多事情其实没有想象得那么复杂，解决事情时只要抓住某个关键点，突破这个关键点，整个事件便会迎刃而解。

一只兔子正在森林里睡觉，一颗熟透的木瓜砸了下来，落在湖水里，发出“咕咚”一声巨响。兔子胆小，以为天要塌了，慌忙逃跑。

途中，兔子遇到乌龟，乌龟问：“你为什么慌里慌张的？发生了什么事？”

“不得了了！“咕咚”一声！天马上要塌下来了！赶快逃命！”乌龟听了，连忙跟着兔子逃命。一路上，鹿、猴子、羊、牛、马等动物都听说了这个大消息，逃命的队伍越来越庞大。最后，百兽之王狮子说：“你们停下来！到底发生了什么事！是谁说天要塌了？”

兔子站出来，绘声绘色地描述了可怕的“咕咚”。狮子带着大家回到湖边，这时，又一颗木瓜掉了下来。

“咕咚！”

动物们面面相觑，随即哈哈大笑起来。

当动物们知道令它们心惊胆战的不过是一颗掉进湖里的木瓜时，它们笑兔子，也笑自己。笑兔子没经过调查就大惊小怪，笑自己没问清楚就随波逐流。但是，兔子长得小，巨大的声音可能真的会让它认为世界末日就要来了，真正要怪的还应该是那个没问清楚事情的自己。

每个人都有自己的弱点，对不会爬树的动物而言，一棵树不论笔直还是弯曲，都是难以克服的。人与动物不同，人有主观能动性，只要找出那个捆绑自己手脚与心志的弱点，就能想办法克服。最重要的是保持心灵的警觉，不要被他人的言语和行动所迷惑，轻易对事物下定论，认为困难不可克服。

很多时候，不是事情本身复杂，而是别人把事情说得太复杂，你把事情想得太复杂。做手术的人大多有这样的经验：手术前每天都在紧张，听别人说手术如何疼、如何危险、如何麻烦，听多了就会以为做手术是一件九死一生的事。但多数上过手术台的人都知道，手术不过是睁眼闭眼的过程。疼上一阵子，养上一阵子，病就好了。很多对事物的复杂认识是经过旁人夸大才产生的，事实上并非如此。没经历过的人可以自己去看看，没有条件亲自看，至少也要保持怀疑，不要胆怯，更不能人云亦云。唯有如此，才能成为一个看破假象、直击核心的聪明人。

斗志不斗气，不逞一时之快

在一次音乐颁奖晚会上，得到大奖的歌手意气风发。当记者们请他评价对手们的作品时，歌手很谨慎，说了一些客套话。记者们又请他谈谈刚刚崭露头角的新歌手，这一次，歌手显露了狂傲的本性。他说："那个歌手吗？他观念老土，音乐里充满了炫技与猎奇，全都是为了吸引人眼球搞的小动作。这种歌手走不远，不会有什么成绩。"

谁知被谈到的新歌手就站在附近，在场的人面露尴尬，而那位新歌手却像没事人一样，说："前辈提点后辈是正常事。"大家都很佩服新歌手的气度。

后来，这位新歌手果然走出一条属于自己的音乐道路，几年之后，拿了很多音乐大奖，而当年那个评价他的歌手早已被人们遗忘。

被他人当面挖苦是一件尴尬的事，如果双方都是气盛之人，很有可能会产生严重冲突。在这个故事中，当众让人难堪的歌手显然有错，难得的是那个被他批评的人的回答避重就轻，既避开了与前辈歌手的冲突，又没有让自己失去颜面。他

知道来日方长，要维护自己的自尊，最好的办法不是和对方争执，而是拿出成绩。

斗志不斗气，是一种涵养。斗气解决不了任何实际问题，只会让事态更加严重。生活中我们难免遇到让大动肝火的情况，有时是面子挂不住，有时是被别有用心的人嘲讽，有时是听到一些闲言碎语。如果真和别人一一争吵，那会浪费多少时间和精力。计较一时，不如讲究韬略，像故事中的后辈歌手那样，用成绩打赢对手。

用成绩化解尴尬，是一种智慧。有大将之风的人才能以如此方法将尴尬“拆开”，转化为动力。胜利属于那些有实力的人，而不属于那些有情绪的人。一时意气只能使自己得到一时的畅快，但一时而起的志气却能让自己一世受益，两相比较，要志气比要意气更有前途。

古时候，骡子和驴子都是运货的常用牲畜。骡子的体力比驴子好，很受商人们欢迎。可是骡子也有一个毛病——脾气不好。若是赶上它们不高兴，任凭主人怎么哄，它们的四个蹄子就像钉在地上一样，一步也不肯动。

一个小长工就遇到过这样的麻烦。他帮主人送炒熟的麦子，没想到骡子半路尥蹶子，一动也不动。小长工急得拿起鞭子，路过的老人制止他：“别打它！骡子脾气拧，打也没用，你在它嘴里塞一把泥！”

“塞了泥，它难道就走路了？”小长工问。老人说：“嘴里有泥，骡子的注意力转移，就会忘记刚才生气的原因，想要赶紧把泥吐出来。这个时候，你就可以慢慢地赶它上路。”

人的脾气当然比动物复杂得多，但犯起拧来，却是不相上下。俗语说，一个人要起脾气，“九头牛也拉不回来”。发脾气在多数情况下是不理性的，只会让自己沉浸在不快的情绪中，对自己无益，也解决不了什么问题。

所以，一个人需要懂得克制自己的脾气，比如在肝火上升的时候，迅速找到转移注意力的方法，把自己的注意力放在其他事情上，就不会与怒气纠缠不清，也不会因一时意气而铸下大错。其实，尴尬的局面是对一个人修为的考验。这个时候，你要“拆得开”，要明白忍住一时之气不是懦弱无能的表现，而是身有涵养的体现。

古代圣人教导我们：“三思而后行”，在与人发生矛盾时，要牢记这句祖训。智慧的人要有定性。人们都说：“火气一上来，哪里忍得住。”那么不妨在要生气的时候让自己忍耐三十秒，忍过最初三十秒，接下来就能告诉自己：“最气的时候都忍了，还有什么忍不住的？”忍住一时之气，不失掉志气，用实际行动向世人证明自己的能力，才是真正的成功、真正的作为。

处世常取舍，有得必有失

有一得道禅师经过森林，遇到一只机灵的猴子。猴子向禅师做了个揖，恭敬地说："我听说您法力神通，特在这里等候。我很想变成人，你能帮我实现这个愿望吗？"禅师说："这个简单，猴本就有人性，只要拔了你身上的毛，你就能当人。"

猴子很高兴，当即就让禅师为自己拔毛。禅师用力拔下一根猴毛，猴子蹿到半空，痛得龇牙咧嘴，大叫道："不拔了！不拔了！疼死我了！"

禅师苦笑道："有得必有失，想要得到就要先受苦。猴子要变成人，这是多么困难的一件事，你竟然想一毛不拔就达成吗？"

古语说："将欲取之，必先予之。"我们知道买卖要以钱易物，其实生活也是同样的道理。单方面无条件地付出很少见，很多东西都需要换，以青春换取成就，以劳作换取成果。这种交换并没有多少功利性，只是一个取舍的过程，舍弃一些东西，才能得到另外一些更重要的东西，这就是生活的道理。

人们常常在取舍之间游移，想要得到，又舍不得放弃手里握着的，这恐怕是多数人有的烦恼。但生活不能三心二意，否则恐怕连一个都得不到。选择复杂吗？拆开来看，选择一点也不复杂。在选择面前，只要问问自己：什么最重要？不论是心灵上的，还是物质上的，只要是你最需要的或者最喜欢的，都值得你放弃一些东西去得到；如果放不下，你就会和最重要的东西失之交臂。

徐磊在大学时就是学校的风云人物，成绩优秀，能力突出，老师和同学都对他赞不绝口。大学刚毕业，他就被一知名企业录用。

徐磊进入公司后勤勤恳恳，经常主动加班，很得领导器重，不到一年，他就得到独自做企划的机会。为了这个企划案，徐磊勤奋调研，做到每一个细节都完善周详。几个月后，这个方案在众多方案中脱颖而出，得到总公司的批准，将在国际市场试用。

徐磊的上司首先来祝贺他，并代表总公司给他发奖金，徐磊却谦虚地给上级写了一封邮件，说这个机会是上司给的，在研发过程中经常受到上司的指点，这笔奖金首先应该给上司。而且在工作过程中，自己得到同事的帮助，剩下的奖金也应该与同事们均分。

这件事之后，不但上司对徐磊的印象越来越好，一有重要的工作就想到他；就连一向不服气的同事们也对徐磊竖起了大拇指，他在公司的威望越来越高。

取舍是一种处世艺术，能够让人通过“舍”，来达到更多的“取”。美国总统华盛顿在年幼的时候，父亲曾教导他：“你如果想让别人为你做什么，你首先要帮助别人做到他想做的事。”这是父亲在教孩子做人的基本道理：不要只想索取，要学会付出。世界上没有那么多只求付出不问索取的圣人，先付出后索取，才是真理。

在修心者眼中，人生就是一个取舍的过程，因为舍不得，世事才变得复杂，舍不得的东西越多，人心就越浮躁。化繁为简不过是一取一舍，想明白了自己坚持着什么、想得到什么，自然不会在取舍之间徘徊不定。想要活得潇洒坦荡，就要在付出的时候，想想自己的所得；在舍弃的时候，看看自己的收获。把握好取舍之间的“度”，我们的人生将会更加顺畅。

第三章　极关键之时，抓得住便是明者

命运并非天定，凡事尽在人为。成败的关键在我们每个人手中，抓得住的人如遇东风，鹏程万里；抓不住的只能庸庸碌碌，一无所成。

心性通明，因此能够克制自我，不被世事迷惑，于关键处抓得住重点，抓得住方法，抓得住机会，抓得住自己的心。如此行事，即便功败垂成，也能不留遗憾与悔恨。

不执迷于欲望，满足于简单

古时候，有个老翁无儿无女，和妻子过着清贫却快乐的生活。一天，老翁出门捡到一袋金子。老翁诚实，跑到衙门交给捕快，县官知道这件事后，对老翁说：“衙门会贴一个告示，如果三个月内有人来领取，钱就归失主；如果三个月还没人来领，这袋金子就归你。”

一晃三个月过去了，无人来领取这袋金子，老翁就成了金子的主人，一下子成了富翁。他在城南买了一所大宅，又买了很多富丽堂皇的玉器装饰屋子。他的妻子苦尽甘来，也穿上了绫罗绸缎。没想到不到一个月，宅子失火，被烧成一片瓦砾，老翁又变成穷人。

邻居们都以为老夫妻一定会哭天抢地，就相约去安慰他们。没想到老夫妻很痛快地搬回原来住的土屋，依旧说说笑笑的。邻居们好奇地问：“你们怎么这么高兴？”老翁说：“那笔金子本来就不是我的，我偶尔得到，享受了一个月，已经是上天眷顾了。现在回到原来的生活，也没有任何损失，我为什么要为不属于自己的东西难过？”

什么是明智？在生活中，过分看重和追求那些多余的东西，就是不智。生活中真正重要的东西往往很简单，就像农夫要有田地，渔夫要有渔船，不论人生如何起落，只要拥有这些最重要的东西，就是一种幸福——对生活有一定要求，却不把这要求当生活的全部，能够满足于简单，就是明智。

明智的人能够抓住最本质、最关键的事，并把它们作为生活的基点。所以，他们不易被外部环境迷惑，也不会在鼎沸人声中迷失自我。他们了解自己想要什么，知道如何保持心灵的平静，他们简单而有头脑，不会常常为琐事烦恼。明智者不惑，不惑者看淡得失，这是一种大胸襟，我们应在现实生活中如此要求自己，提高自己的修为。

古时候，有一个官差去外地办事。半路上，他不幸丢了自己的马匹，只能徒步行走。

第三天，前方出现一条大河，官差暗自叫苦。但他急中生智，在附近村民那里借了一柄斧头，砍了一些树木扎成木筏，成功地渡过大河。

前方是一座大山，官差害怕山那边仍然是河，就把木筏扛在肩膀上。山上的老者问他："你为何要扛着木筏登山？不觉得累吗？"

官差说了自己的理由，老者大笑道："登山者要尽量减轻负重，渡河者才需要舟楫。"

"那你说，前边再有大河怎么办？"官差问。

"前边若有河，可以再想渡河之法，你背着木筏登山，岂不更加耽误时间？不智，不智。"

我们常常觉得在生活中需要一个凭依，这凭依有时是金钱，有时是地位，有时是才华……如果少了这种凭依，我们就会觉得不安全、不完整。其实，唯一能够当作凭依的是我们的心灵，当这颗心是明智的、平静的，它便能让人通晓事理。当这颗心是迷惑的、纠结的，我们就会把其他事物错认为凭依，结果只是让生活多了一个拐杖，虽然让我们走路更加方便，但是太过依赖，就会变成负担，让我们忘记该如何迈步。

明智的人要先让自己的心态变得简单通明，不要让自己的欲念、偏见成为登山者肩上的舟楫。要把握矛盾中那些最关键的东西，看清生活中那些最本质的东西，知道自己心里最重要的东西，抓住这些，才能不被迷惑，不被他人左右。一心一意做好自己，这就是明者对待人生的方式。

初学者不要拿两支箭

猎人的后代从小就要练习射箭，部落里有一个传统：初次练习射箭的人，手里只能拿一支箭。有些学习弓箭的孩子抗议道："我们只是初学者，怎么可能一次就射准？应该让我们多拿几支箭，哪怕多拿一支也行！"

部落里的神射手说："我像你们这么大的时候，就遵守着这个规定，直到几年后我才明白祖先们的意思。手里如果有两支箭，射第一支的时候就会想'这一箭射不好没有关系，反正还有一支'。这样反而射不好第一支箭，或许连第二支都射不好。"

初学者不拿两支箭是游牧部落的祖训。这个祖训有两重意思，第一重是说对待射箭要专心致志，每射一支箭就射到最好；第二重意思是说做事不要给自己留后手，就像作战时不能想到后退，否则就不易胜利。这条祖训实际上是在告诉人们：要做一个对自己严格要求的人，因为机会只有一次，心志不坚定的人就会错过。

两个选择中，我们只能选一个，想要两手抓的人，常常一个也抓不住；我们心中常常会产生一正一反两个念头，左右摇摆、优柔寡断，让我们无法将任务继续推进……这些情况就是“两支箭”，它会让我们做什么都不能全力以赴。

我们必须明白，生活没有后手，在周密筹划一件事的时候，想到后路很重要，但在具体做这件事时，却要当作这条后路并不存在。人在压力下才能爆发出极大的潜力，所以不要给自己留后手，就是在逼迫自己，也是在激励自己。能够一次成型的事，不要做第二次，一击即中永远是最快、最有效的行事方式。

从前有个法国青年，他兴趣广泛，经常一头热地投入一项“事业”，却没有任何收获，为此他充满了烦恼。他的父亲有个朋友，是著名的昆虫学家法布尔，青年人决定向法布尔请教成就事业的秘诀。

“按照你的说法，你是一个对事业充满热忱的人，那么说说你热爱的事业吧。”听了青年人的诉苦，法布尔问他。

“我酷爱文学，想要成为法兰西学院的诗人；我的小提琴拉得很好，以后有机会成为一个音乐家；更难得的是，我也喜欢自然，经常观察植物，想成为一名植物学家……”

法布尔打断年轻人的话，拿出一面凸透镜说：“你说说，怎样通过这个凸透镜点燃一张白纸？”年轻人说：“当然是将太阳光聚集在凸透镜的中心，一直对着一个点！”

“没错，现在你就是一面凸透镜，如果你不对准一个点，怎么能生火呢？”法布尔说。

故事里的青年爱好多多，心得全无，犯了眼高手低的毛病。法布尔让他找准一个点继续发展，是因为每个人精力有限，只有把精力集中到一点，才能有所成就。人生在世，没有人能“全做”，分得清哪些“可做”、哪些“不可做”非常重要。有“不可做”，才能竭尽全力做可做之事，这就是明智。

这个故事还可以进一步延伸，就是青年应该如何选择自己的事业。不给自己留后手是一种勇气，但做人不能傻气，如果发现手里的箭不对劲，及时换掉很重要，不要射出一支根本不适合自己的箭。没有选对方向不可怕，可怕的是一直走在错误的方向上，那样耽误的是自己的前程，甚至可能让自己一生都碌碌无为。

那么，在众多选择中，选哪一个最好？明智的人都知道，要选最适合自己或自己最喜欢的那个。最适合自己的，才能让自己一直保持高度的热情，容易取得成绩；选择最喜欢的，因为喜欢，就算没有成绩，也能无怨无悔。人生最重要的不是抓住成绩，而是抓住心灵的满足，那才是真正的幸福。

认准目标，切勿因小失大

猎人带年幼的儿子去打猎，他们在林子里抓到一只小鹿。猎人对儿子说："这只鹿可以留给你当宠物，现在你牵住它，乖乖在这里等我，我去找找有没有其他猎物。"

儿子很高兴，牵着小鹿等待父亲。谁知小鹿力气很大，竟然挣开绳子逃走了。儿子一路追赶，到了一条小河旁，便再也看不到小鹿的踪影，他伤心地哭了起来。

晚上，猎人带着猎物回到原地，看到儿子哭得伤心，就问："你哭什么？"儿子说："小鹿逃跑了，我怎么追也追不上。"猎人无奈地说："所以你就一直坐在这里哭吗？你知道吗，我刚刚看到一大群鹿从这边经过，如果你没有低着头哭个没完，就能拿起弓箭，再打好几只小鹿了。你为了一只小鹿，失去了一个鹿群！"

因为一只小鹿而失去整个鹿群，这是最让人遗憾的。并非没有机会，也不是能力不够，仅仅是因为判断错误，或者太过重视眼前的东西，就造成莫大的损失。出现这种情况的原因在于人们不能随时认准自己的目标，或者把目标定得太小，标准定得太低，只盯着眼前的一点东西，缺乏远见。

凡事都有大小之分，心性通明的人知道舍小取大。大，即大局，就是那些能够决定人生走向，奠定未来发展的事，这些事在人的一生中具有决定性意义，必须牢牢抓住。小，即无关紧要的小事小节，它们与主要目标无关，可以舍弃与忽略。那些能够克制自己，服从目标的人，就是有大局意识的人，他们会从现状看到未来，不会因一时状况不佳而耽误事情的进展。有大局意识的人，抓住的是“大”；而目光短浅的人，只能得到“小”。

一对生活在山村里的夫妻，日出而作，日落而息。每天早晨，丈夫带着妻子头天晚上做好的饭去田里种地，妻子则在家织布、做饭、收拾房子，日子平凡而幸福。

一天晚上，丈夫高兴地冲进屋子，对妻子说：“我们发财了！我们发财了！”说着，他从衣服里掏出几个刻着彩色花纹的古董盘子。丈夫说：“我在锄地的时候挖到了这些东西，听说前段日子官府正在追捕强盗，这一定是强盗偷偷埋在地里的。”

“这么说来，我们可以卖掉它们。”妻子说。

“不行，这些东西可能是官府正在追缴的赃物。”丈夫深思熟虑后说，“现在不能卖。”

“那么，我们先把它们收起来吧。”妻子说。

“等等，我要仔细看看它们，它们一定值很多很多钱！”

丈夫爱不释手地捧着盘子，琢磨了一个晚上。第二天，他躺在床上呼呼大睡，妻子催促他去干活，他说:“我们就要发大财了，为什么要干活?”第三天、第四天、第五天……妻子每天催促丈夫干活，他都以这个理由推脱。终于有一天，妻子忍无可忍，将盘子扔进村口的河里，盘子被水冲走了。她对丈夫说:“别再做梦了！就算这些盘子真的值钱，你也不能因为几个盘子就不工作！赶快反省一下你都做了什么！明天照旧去地里干活！”

故事里的农夫就是一个分不清大小的人，他以为自己得到意外的财富，为此连耕地都忘了，只顾着做白日梦。但他并不知道这笔财富可能会给他带来横祸，就算没有横祸，因为一笔钱而改变了勤劳的禀性，才是最大的损失。他的妻子是个明白人，知道最重要的是恪尽职守，靠自己的双手劳作。她果断地扔掉了古董盘子，也扔掉了农夫的好逸恶劳。

认准目标是成功的一个方面，不耽误目标则是另一方面。有些人能够认准目标，但当诱惑出现时，他们往往会改弦更张，这样的人同样不够明智。当人们认定一个目标时，那个目标就代表了他的判断，可能是最适合他的，如果因为一点诱惑就这个判断，此后心志就会越来越不坚定，越来越容易被诱惑。

想要做成一件事，需要坚持，只有坚持，才能不被微末的小事阻碍脚步。有的时候，死心眼也许会更好，适当的固执恰恰能够保证人们不会因小失大。

经常自省，修正个性上的缺失

古代有位将军，行军打仗本事一流，声名传遍国内外，但这位将军脾气不好，为人暴躁。有一天，他向一位有名的禅师请教该如何完善自己。

禅师说："我想这件事不用我再提点你，你应该改掉你的脾气。"

"可是，我的脾气是天生的，根本改不了！"将军说。

"既然是天生的，那它一定时时刻刻在你身上，现在请你把这脾气拿出来给我看看。"禅师说。

"现在拿不出来，但我一与人争执，它就出来了。"将军委屈地回答道。

"既然不是时时刻刻拿得出来，那就是你自己控制不住，不要把责任推给上天，你现在和我说话能够心平气和，为什么与他人说话的时候就不能呢？"

每个人都有脾气，特别是在发生冲突的情况下，人更容易激动，这时脾气就会暴露无遗。好的脾气会给人带来益处，坏的脾气则可能害人害己。

人生的关键在于选择，命运的关键在于性格。心性通明的人善于选择，也明白个性的重要。什么样的个性最好，可谓见仁见智，但脾气如果不加以控制，肆意妄为，到头来吃亏的还是自己。在故事中，禅师说没有东西是改不掉的，所谓改就是控制。只要时时警惕自己，反省自己言行上的过失，并对自己的脾气加以节制，就能够减轻它的危害。

人都有任性的一面，由着性子来最舒服，控制脾气就像给自己戴上了枷锁，所以世上所有事中，为难自己是最难的。你可以放纵自己，但这世界不会给予你同等的溺爱。与其等到大难临头时才后悔，还不如在一开始就控制住自己的脾气，实现心灵的良性循环。

19世纪是英国的“日不落时代”，那时英国在位的女王是维多利亚，她是帝国的拥有者，拥有至高无上的权力。她的丈夫叫阿尔伯特，是一个性格温和的男人，一直全心全意地爱护、辅佐着维多利亚女王。

夫妻之间难免产生不和，皇室夫妻也不例外。维多利亚女王从小性格高傲，高贵的地位导致她做什么事都很傲慢，连对待自己的丈夫，也常常摆出女王的架子。阿尔伯特决定给女王一个教训。

一天，他们又因为小事发生争吵，阿尔伯特亲王把自己关在房里，反锁房门。晚上，女王来敲门，傲慢地说：“快点给英国女王打开房门。”

阿尔伯特亲王没有理会，在书桌旁看自己的书，维多利亚女王一个人站在门外，反思良久，才轻轻敲了敲门。亲王问：“谁？”女王说：“是我，你的妻子维多利亚。”

门开了，面带笑意的亲王站在女王面前。

雨果说：“被人揭下面具是一种失败，自己揭下面具却是一种胜利。”在别人指出自己失误的时候，要敢于承认自己的错误，更要及时改正，这就是聪明的表现。而那些不待他人指出，就已经能察觉自己的毛病，努力加以改善的人，则是智者。

性格决定命运，也许我们的努力不能改变个性的内核，但至少能够修剪它的枝蔓，让它向着良好的方向发展，给自己和他人以阴凉，而不是荆棘。牢牢控制自己的脾气，就是抓住了命运的关键。常常检讨自己，修正个性上的缺失，就是最大的修行，这也是每个人都应该领悟的道理。

别在犹豫中错失良机

狼妈妈觅食回家，发现两只小狼被分别绑在了两棵树上。它心一慌，心想"一定只想着要赶在人类回来之前救下孩子。于是，它开始努力抓咬一棵树上的绳子。此时，被绑在另一棵树上的小狼大叫起来。狼妈妈连忙跑到另一棵树旁，刚刚咬了一阵，那边的小狼又大哭着让妈妈来救自己。狼妈妈左右奔波，最后，它没有救下一只小狼，反倒被赶过来的猎人用网抓了起来。

狼妈妈发现孩子被人类抓住，它的心里未尝不知道时间有限，也许只能救一个孩子，但母子连心，它忍受不了另一个孩子凄惨的求救声，只能左右奔波。假设它能集中精力，尽快救下一个，然后母子齐心再救另一个，未必不能成功。坏就坏在狼妈妈耽误了时间，也错过了团圆的机会。

我们经常因犹豫而错失良机。犹豫是我们常有的心理状态，有时表现为优柔寡断，游移不定；有时表现为左右为难，两边站不稳；有时表现为瞻前顾后，拿不定主意……人们为什么会犹豫？是因为对自己的决定无法完全肯定，或是总想着也许还会有更好的方法，也许自己遗漏了什么。不能抓住关键的人，总会拿无数个“可能”来折磨自己。

在机会和选择面前，犹豫不决是大忌。我们总是想要将事情反复权衡，希望做到万无一失，但我们拥有的时间太少，容不得举棋不定，更容不得反反复复。更多时候，我们需要果断，需要速战速决。也许我们还没有锻炼出在最短的时间做出最佳决策的能力，但至少要敢于做出决断，即使那决断是错的，也是一种锻炼。

一个富翁爱酒，酒窖里藏了各种各样的好酒，其中一个罐里藏着世间罕见的老年份杜康，富翁认为就算是皇上的酒窖，也没有这么好的酒。如此好酒，必须等到一个最佳时机打开，或者自斟自饮，或者与身份高贵的人一同品尝，富翁一直在等待这个时机。

寒来暑往，富翁几次做大寿，都想打开这罐酒，可每次下了决心随即又犹豫了：“如果有更好的机会呢？”有时家里来了尊贵的客人，富翁也想捧出这罐酒，但刚刚碰到瓷罐又对自己说：“万一有更尊贵的客人来呢？”结果，直到富翁死去，他也没能打开这罐酒。在他的葬礼上，他的儿子不明就里，将酒窖里的酒拿出来款待来宾。那罐珍贵的酒，也糊里糊涂地进了别人的肚子，谁也不知道它的价值。

“最佳”是一个主观色彩强烈的词，只要自己认定是最佳就可以，富翁等不到，是因为他一直不甘心白白喝掉一壶好酒。但好酒的价值在于品味，将它闲置，才是真正的浪费。

酒越存越香醇，人却不然，世事更是如此。岁月经不起蹉跎，明智的人必须克制犹豫。犹豫的最大表现就是等待，没有的人在等待，希望有一天能有好机会；拥有的人也在等待，希望得到更好的。等待的人怀着莫大希望，到最后却两手空空；没有的辜负了自身条件，拥有的浪费了自己的所有。因为不可知的未来，放弃了实实在在的当下，这就是糊涂。

不要为目标以外的事物犹豫，要牢牢抓住生命中现有的一切。雄鹰的意义在于飞翔，它不会在意翅膀上的羽毛是不是漂亮，做人也应如此。心有旁骛就会浪费天生的才能，在最恰当的时候，要做最恰当的事，不要犹豫。正如人们常说：“花开堪折直须折，莫待无花空折枝。”

细节是成败的关键

一位老者路过树林，见一工人正在一棵高树上砍伐树枝，就在树下看着工人。等到工人砍伐完毕，准备下树，老者说：“慢慢来，不要摔伤自己。”然后一一说明工人脚下何处有粗枝，工人安然下树。

路过的人问那位老者："您真是一个奇怪的人，刚才工人在树顶，那么高，那么危险，您不出言提醒他，等到他要下树的时候才说话。"

老者说："当他站在树上，他知道自己身在险境，自然会加倍小心，这时候，我如果说话，就会让他分心；当做完活想要下树的时候，他会放松警惕，我这个时候提醒他，他才不会因细小的疏忽而遇到危险。"

一件事有关节，也有细节。关节，就是那些决定事物性质和走向的东西；细节，就是那些起辅助作用的部分。拿盖房子为例，打地基、支房梁、砌砖瓦叫作关节，而房顶盖什么样的瓦、地面铺什么样的砖就叫细节。一件事最重要的部分无疑是关节，没有关节，细节再好也派不上用场。房檐用上好的琉璃瓦，地板用最好的木头，倘若房梁塌了，一切苦工都白费了。

细节看似没有关节重要，实则不然。细节代表一个人做事的用心程度，好的细节能将关节完善，做到真正的十全十美。更重要的是，关节大多是相似的，就如房梁和地基，盖来盖去只有那么几个样式。能够决定层次的是出色的细节，细节做得好，房子看上去就华美；细节做得不好，它只是一个呆板的屋子。所以人们常说："细节决定成败。"

生活中多数人会注意关节，却常常忽视细节，而细节有时却能决定一件事的成败，在某些情况下，它也会成为关键点。

三个工人去应聘仓库管理员一职。经理说:“你们三个的简历我已经看过。现在是午休时间，按照公司的习惯，你们可以先去公司的食堂吃一顿午饭，然后再回去等消息。”

听到有免费的午饭，三个工人很高兴，他们坐在一张桌子上吃饭，那位经理就坐在他们邻桌。吃过饭后，经理对其中一个工人说:“恭喜你，我认为你适合仓库管理员这一职务，你什么时候方便上班?”

另外两个人先是愣住了，然后不服气地说:“请问您的评判标准究竟是什么？我们的资历并不比他差。”

经理回答:“你们吃饭的时候，我一直在旁边仔细观察，我发现你们二位吃饭时狼吞虎咽，还掉了很多食物在桌子上。而这个人却会把最后一粒米饭都吃进自己嘴里，他更懂得节省和珍惜，这是一个仓库管理员应该具备的品质。”

仓库管理员这个职位，工作内容虽然简单，但却是一个公司很重要的部分，经理首先要看的是人品和习惯，而不是其他。其中一个工人得到这项工作，靠的是早已养成的不浪费的习惯，这个细微的闪光点使他得到了机会。日常生活中，我们要注意自己的言行举止，养成良好的习惯，这样会使自己终生受益。

生活上的细节要仔细对待，心灵上的细节也不容有闪失。

如果说志向、性格、思考能力是心灵的关节，那么对一件事直觉性的判断，对具体事情的立场，对自己、他人的态度就是心灵的细节，这些事看似只是个人喜好问题，却最能体现一个人的品质。

举个简单的例子，在公共场合，有人会毫不遮掩地大声讲电话，吵得身边的人无法听见其他声音；有些人却会捂住嘴巴低语，尽量不吵到别人。这是一个细节，却反映出两种态度：一种旁若无人，只想到自己；一种懂得换位思考，尽量不打扰他人。生活和工作中，没有那么多机会来考量人们的品德，只有这些小细节才是他人评判的基础。在任何时候都不要忽视细节，那代表的是你的能力与品质。一个拥有良好品质的人，走到哪里都会受人欢迎。

地狱与极乐，都在一念之间

有个青年去拜访山间智者，询问极乐世界与地狱的分别在哪里。智者说："极乐与地狱都在我们心间。"青年摇头，表示不解。

智者突然开始咒骂这个青年，他言语恶毒，青年大吃一惊，连忙询问智者是否不舒服。没想到智者越骂越过分，说青年是个一事无成的纨绔子弟，竟然还不知好歹地来拜访自己，真是脏了自家的地板。青年再也遏制不住自己的怒火，挥拳向智者打去。智者连连躲闪，对青年说："现在你是在地狱，还是在极乐世界？"

青年冷静下来，想起自己刚才面目狰狞，可不就像地狱中的恶鬼？而想通后的自己面容祥和，不就像在极乐世界吗？可见，地狱与极乐不过就在人的一念之间。

智者说，地狱和极乐都在我们心间。当你愿意用一颗温和的心面对别人，世界就是天堂；如果你心中充满怨恨与不愤，世界就是地狱。我们不论做多少事，都是为了满足心灵的需要。选择天堂还是地狱，其实就在一念之间，这个"一念"非常重要，它决定了我们的心情，影响着我们的生活。

一头驴一生为主人操劳，老了以后，主人心善，希望它能够颐养天年，就不再让它干重活，每天拉点不沉的货物，大部分时间让它在家里悠闲度日。一天，驴子老眼昏花，掉进路边的一口枯井中。枯井很深，驴子跃不出去，井外的主人也够不到驴子，无计可施。

驴子在井中抱怨自己太不小心，听到井外主人唤着自己的名字，禁不住一阵难过。主人实在没有办法，驴子也知道自己出不了这口井，看来只能死在这里了。

主人拿铁锹将井周围的土弄到井里，驴子以为主人要埋了自己，万念俱灰，闭上眼等死。突然，它想到慈爱的主人，想到自己的朋友们，它越来越不想死，就睁开眼睛拼命想办法。土不断落在它肩上，它灵机一动，将土踩在脚下，没多久，井被填满，驴子也顺利脱险。

生与死有时就在一念之间。故事中的驴子可谓“置之死地而后生”，它没有放弃一线生机，于是得到转机，这样的“一念”是福音，驴子抓住了这个机会。那些自怨自艾、无所作为、任由自己消沉的人是不智之人；能够将劣势转化为优势，凭借自己的努力扭转局势的人，就是明智之人。生死一线之间，明智就是对生命的不放弃。

让我们重新审视一下“明智”这个词，明与智，明在前，智在后，明就是光明，即使身边一团黑暗，看不到转机与希望，也要相信一切皆有可能，只要坚持，就有希望。明智者会把阴影留在身后，相信光明就在前方。在行事之时，明辨是非，看准时机和关节；在独处之时，反思自己，尽量做到克制与从容。人生道路漫长，每个人都要学会抓住那些最重要的东西，舍弃那些不必要的枝蔓。不迷惑，不倾斜，端正地走自己的路，就是智者所为。

第四章　极矛盾之时，看得透便是悟者

万事皆有矛盾，事与事、人与人、人与事，有时如乱麻一团，剪不断、理还乱，让人们头痛不已。唯有及时看透情境变化，调整自己的思路，才能做出成绩。

明了自己的境地，坚持自己的主张，尊重自己的对手，变通自己的行事方法，才能于矛盾处求得出路、求得发展。领悟矛盾，便是领悟如何生活，如何做人做事。

因境而变，随情而行

在一次大学生智力竞赛的决赛中，一个大一新生的表现引人注目。在知识提问环节，主持人问:“请回答，三纲五常的‘三纲’指的是什么？”

“臣为君纲，子为父纲，妻为夫纲。”女孩回答得胸有成竹，现场观众却哄堂大笑。女孩这才发现自己刚好把关系说颠倒了。她临危不乱，一本正经地说:“我回答的是‘新三纲’，在我们国家，不管官位多大，都是人民公仆；每家只有一个孩子，都是家里的小太阳，父亲母亲围着转；女性地位越来越高，很多家庭都是妻子当家——你们说，我答错了吗？”

观众又一次哄堂大笑，并对女孩的机智报以热烈的掌声。在评委的示意下，主持人宣布这位女孩顺利过关。

意料之外、情理之中的答案，使一时的口误成了顺利过关的“脑筋急转弯”，比起旁人，将事情看透的人更易急中生智。就拿故事中的女孩来说，她不纠结于答案是否标准，因为评委和观众想看的并不是标准答案，而是选手们的智力究竟如何。智力不仅包括记忆力，应变能力更是智力的反映。将情境看透，不拘泥于成规，最后得到成绩，这就是悟性。

有人的地方就有矛盾。每个人的脾气秉性、志向爱好都不同，所以，考虑问题的角度便不同，所产生的观点也会出现差异，因而难免会出现争执与纷争。什么样的人能在矛盾重重的情况下气定神闲？答案就是看透矛盾的悟者。

有悟性的人不会手忙脚乱，经得起变化；有悟性的人不会神志混乱，经得起风波。不论是遇到难以解决的题目、尴尬的场面，还是与人交手时的见招拆招，他们都能保持清醒的头脑，因境而变，随情而行，从矛盾中找到解决问题的线索。

一位省级领导去一个县城视察工作，当他在一所重点小学发表演讲时，一个手机突然砸向讲台，差点砸中领导的头。在场的校长、老师大惊失色，随即叫扔手机的孩子走上讲台。

那孩子并不是有意要砸领导，他在和朋友吵架，情急之下动了手，没想到手机飞了出去。此时，那孩子战战兢兢，不敢开口解释，领导却笑呵呵地问他：“你叫什么名字？几年级了？”等到孩子回答后，他又对全校师生说：“这位同学在那么远的地方，手机投得这样有力气，我看他以后一定能成为优秀的标枪运动员！”

全场哈哈大笑，一场风波消弭于无形。

幽默是消除陌生感的最佳武器，也是化解矛盾的良方。故事里，孩子的行为让领导没面子，但领导却没把这个“面子”当回事。在领导看来，讲话才是最主要的，他凭借随机应变的智慧和宽容，幽默化解临时发生的意外，并给见到、听到这件事的人留下了一个宽容幽默的印象，如此行事，就是悟者。

在人们眼里，多数事物中都蕴藏着矛盾，那么如何把事情看透？我们从小学习的矛盾论是很有用处的，它告诉我们要抓住主要矛盾。看透这一点，其余的皆可不在意，就算做不到一丝不乱，也能保证不因意外乱了阵脚。看透矛盾还需要一颗平静的心，情境变了，矛盾也会跟着变，只有一颗平静的心才能以不变应万变，在任何情况下审时度势。那些内心波澜不起，遇事又能因境而变、随情而行的人，既是心灵的悟者，也是处世的高手。

与他人发生矛盾，秉持理解与共存

深秋，一位禅师路过一户农家，主妇正用豆萁生火，煮刚剥好的豆荚。豆荚在沸水里痛哭失声，对豆萁大叫："我们是同根所生，你怎么这样残忍，让我忍受被沸水煮的痛苦！"

豆萁也大声叫道："你难道没看见吗？想把你煮熟的并不是我，我也身不由己，你没看到我也在忍受烈火焚身？难道我的痛苦就比你少吗？"

看到这一幕，禅师感叹："这和人与人相斗的道理何其相似。"

曹植的一句"本是同根生，相煎何太急"曾让很多国人落泪，抛去曹植和曹丕的夺位之争，就这个故事而言，被豆萁烹煮的豆荚有理由责怪豆萁，豆萁也完全有理由责怪豆荚，在同等境遇下，豆荚和豆萁都有自己的苦衷，抱怨对方并不能改善它们的处境。

生活中，我们最大的麻烦就是处理与他人的矛盾。儿女与父母、兄弟与姐妹、丈夫与妻子之间尚且有矛盾，更何况是互不了解的陌生人，或有利益冲突的竞争对手。以恶意揣测善意，从自我的角度曲解对方的意图，是处理矛盾的大忌。这样的偏见，只会让我们的心胸愈加狭隘，心情愈发沉郁。

化解人与人之间的矛盾，关键在于理解他人。有道是“人在江湖身不由己”，如果豆萁有选择权，它也不想成为燃料，既让自己粉身碎骨，还落下个骨肉相残的坏名声。站在他人的立场思考，你会更加理解对方的言行和选择。

朱杰在一家公司的市场部工作，他是公司的老员工，对营销有自己的一套经验，很得上司器重。但自今年以来，他的地位一直在下降，原因是公司来了一个叫小芸的新员工。小芸年轻有实力，又有很多新点子，业绩蒸蒸日上，成了公司的新力量。

朱杰很不服气，认为小芸是靠关系才有了这样的业绩，他经常给小芸使绊子，和小芸抢客户。小芸也不甘心，看到朱杰为难她，就处处与朱杰对着干。因为忙着给对方添麻烦，两人的业绩都受到很大影响。

公司总经理见此，特意请他们吃饭，为二人做调解。朱杰和小芸回到家后，各自反省自己。特别是朱杰，他觉得自己作为前辈，心胸太过狭窄。他主动向小芸道歉，并向小芸请教寻找客户的方法，还经常把自己的经验教给小芸。小芸是个爽快人，看到朱杰真心诚意，就放下成见，和他一起分析市场、制定计划。两个人合作无间，成了公司里最厉害的一对搭档。

很多人面对与他人的矛盾时，要么回避，要么激化。矛盾对他们来说是个麻烦，能不碰就不碰，碰到了也不好好解决，结果导致矛盾激化。有悟性的人不会如此，他们面对矛盾时，不回避，也不激化，而是试图寻找一个平衡点，既让自己不吃亏，也让对方满意。这个时候，矛盾也许仍然存在，但它已经成为良性的、有益的东西。可见，共存才是化解矛盾的上策。

身处矛盾中，在保护自我的同时，为他人着想，尊重他人，才能化干戈为玉帛。共存提供了处理矛盾的有效方向，秉持理解与共存，人们在面对矛盾的时候才不会失去理性。

感谢对手让我们变得更加强大

在广袤的非洲草原，成群结队的羚羊每日在草丛中奔跑觅食，有时，它们会被草原上的狮子抓到，成为狮子的食物。

一个部落首领看到这种情况，认为无害的羚羊很可怜，便带着部落里的勇士捕杀了方圆百里所有的狮子。从此，羚羊高枕无忧，每天悠闲地在草地上散步。

可没过几年，附近的人们发现，这里的羚羊都变得呆头呆脑，每天好吃懒做，再也没有矫健的身手，很多羚羊甚至变得病病歪歪。部落首领想不通为何会出现这种情况。一个有智慧的老人说:“没有对手,就没有竞争;没有竞争,就会懒惰。只有狮子才能唤起羚羊的活力。”

首领去其他部落的土地上弄了几只狮子,那些死气沉沉的羚羊一开始相当惊慌,没过多久,果然变得朝气蓬勃,恢复了昔日的体魄。

在我们的人生道路上,有一类人是我们不愿面对却又不能回避的。每当你取得成绩,却发现跟某些人相比,自己还有很大差距;每当你失去一个机会,会发现某些人正将这机会握在手中。这类人就是我们的对手,在人生的每个阶段,他们都会出现。他们让我们头疼,却也让我们警醒,发现自己所做的远远不够。

有悟性的人明白对手的重要性,他们会利用对手的成绩来激发更强的进取心,也会通过不断缩小与强大对手的差距来实现自身的进步。有人说:人们能从对手身上学到更多的东西。懂得了这句话,你才能真正明白自己与他人的差距。

17岁的阿谈是业余网球选手,在市里小有名气。他有一个竞争对手叫吴瑞,在比赛中只要遇到吴瑞,他必输无疑。阿谈为此大伤脑筋,每次想到自己的败绩,都很沮丧。

阿谈的姐姐阿颖知道弟弟的心病,就对他说:“你想不想打败吴瑞？”阿谈点头。阿颖说：“那你就经常看他的比赛，经常观察他，把他的绝招都学来。最好还能和他经常切磋，这样才能让你打得更好。”

此后，阿谈果然经常跟吴瑞切磋，吴瑞的比赛他每场必看，并仔细观察吴瑞的动作，比自己好的，立刻模仿，同时也记下吴瑞的弱点。不到半年，阿谈的球技大有进步，已经能和吴瑞打个平手，他请姐姐吃饭作为感谢。

“那你想不想打得更好？”阿颖问。阿谈打心底里佩服姐姐，连连点头。阿颖说：“那你就把你发现的吴瑞的弱点、缺点全都告诉他，这样你们才能成为真正的朋友。”

阿谈照阿颖的话去做，吴瑞大为感动，也将他平日观察到的阿谈的错误一一告知，二人从此成了知己，经常一同练球。后来，他们都进了市里的网球队，作为代表参加全国比赛。

不要必认为向对手请教是件丢脸的事，也不要担心对手会倨傲地拒绝你。多数人希望与人为善，共同发展。只有少数狂妄的人才会故步自封，拒绝交流，我们不能做这样的狂妄者。

想要把对手变为朋友，首先要承认对手的价值。夸奖自己的对手并不是在贬低自己，而是对事实的尊重，对对手的尊重。试想，如果你的对手是一个不起眼的人，胜利会给你带来什么快感？只有打败那些拥有雄厚实力的人，胜利才有滋味。

有悟性的人感激对手的存在，因为他们的挑战，我们才能够更加了解自己，不论是优势还是弱点，在对手的映衬下，都将纤毫毕现。好的对手是我们的镜子，照出真实的自己，让自己知道如何进步。我们要时刻记得，那个站在你前面的人并不是你的敌人，而是你前进的目标。也许有一天，你们会成为朋友，从此相互扶持，风雨同舟。

打破僵化思维，用变通突破困境

师父带着弟子们来到一座悬崖下，对他们说："我们修身养性，不过是为了领悟智慧，现在让我看看你们的悟性吧。你们中谁能第一个到达山顶？"

师父说完，弟子们都看向悬崖。只见绝壁上只有几根藤蔓、几株斜生的小树和一些杂草。他们硬着头皮开始攀岩，有些人没走几步就滑了下来，有些人到了半山腰，就没有力气了。只有一个弟子爬了几下就放弃继续向上，转而绕到山后，找了一条小道走上山顶。最后，他是唯一一个到达山顶的人。

其他弟子说："师父让我们攀上悬崖，你怎么能偷懒走捷径？"这名弟子说："师父只说让我们到达山顶，并没有规定方法，你们不知变通，非要去摔得鼻青脸肿，怪得了谁？"弟子们争论不休，去找师父理论。

师父笑了笑，说："变通就是智慧，这就是悟性。"

变通是一种思考方式，也是一种做事方法。有了困难就要想办法解决，老办法解决不了，就用新办法。就像爱迪生发明灯泡，灯芯的材料要一次一次地试，铁丝不行就用铝丝，铝丝不行就用钢丝，总有一天会把最合适的钨丝试出来，这就是变通。如果爱迪生是死脑筋，认准了铁丝，火烧不成用水煮，水煮不行用烟熏，盯着铁丝不肯放手，就算是再勤奋，灯泡也亮不起来，这就是不知变通。

我们之所以害怕新办法，是因为对老办法有严重的心理依赖，就像用惯了拐杖的人，一旦离开旧拐杖就不会走路，不相信新拐杖比旧的更好。所以，想要解决现实中的问题，先要解决精神上的守旧，敢于变通。

一个年轻人进入杂志社工作，他遇到的第一个难题是约稿。著名作家的稿子很难约，他只能硬着头皮一次次打电话，或者登门拜访。每一次他得到的都是"抱歉""下次有机会合作"等答复。

这一天，年轻人去拜访一个老诗人。老诗人显然经常遇到这样的约稿者，脸上露出不耐烦的神色。他匆匆与年轻人说了几句话，就露出逐客的意思。

年轻人也对这次约稿不抱任何希望，便对那位诗人说："虽然没有约到您的稿子，但能看到您，我很高兴。我从小就学习您的诗歌，一直想要见见您。”说着，年轻人背诵了一首诗人年轻时写的诗。老诗人听了，大为感动，握着年轻人的手说：“我真没想到，这一代的年轻人还会真正喜欢我的诗歌。我这里有一些刚刚完成的作品，你看一看，喜欢的话就拿回去吧！”

故事里的年轻人很幸运，他在刚刚工作的时候就上了一堂生动的人生课，让他知道在死胡同面前要懂得转弯的艺术。

陆游有这样一句诗：“山重水复疑无路，柳暗花明又一村。”这句诗饱含着人生的哲理：转弯就是转机，到达目的地的方式不止一种，转换方向，绝路也可变成坦途。如何转弯？转弯就是在事物的矛盾中找到突破口，最主要的方法是打破常规思维。就拿送礼物来说，别人都送花，你送个雅致的小盆栽，这份别出心裁就能让收礼物的人更欢喜。

面对矛盾，我们都要有一种变通的心态：一定要打破僵化的思维，不能钻牛角尖，寻找捷径并不是偷懒，“曲线救国”也不是耍心机，只要能够解决矛盾就是好办法。遇到困难时，知道自己已身在死胡同，就要尽快换一条路，这才是悟者的选择。

与其压抑自我，不如一吐为快

一个理发师最近愁眉不展。他是国王专用的理发师，知道一个惊天的秘密：国王长着一双驴耳朵。他知道如果他将这件事告诉第二个人，国王一定会杀了他。

人的心里一旦有秘密，就会有倾诉的欲望。理发师没办法，只好在花园里挖了个洞，把这件事告诉那个洞。没想到几年后，那个地方长出一棵树，树上的每片叶子都在大叫："国王长了驴耳朵！国王长了驴耳朵！"这下，全国的人都知道了这个秘密。

理发师战战兢兢地去见国王，发誓自己并没有把这件事告诉任何人，国王却说："反正现在全国的人都知道了，我倒是放下了心里的石头，仔细想想，我的耳朵的确长了点，但这有什么关系？我仍然是个好国王！"

从此以后，国王和理发师都不再郁闷了。

每个人都有觉得压抑的时候，适当的压抑不会对生活造成什么影响，但一旦压抑过度，把太多的矛盾压在心里，就成了烦恼。烦恼过重，头脑就不能专一，做一件事时就会想着另外一件事，这将极大地影响办事效率。心中有压力时，情绪就会不稳定，不但会影响判断力，还会影响与他人的关系，让他人也承受压力。

解除压力的最好方法是疏解。同为疏解，有人选择向他人发脾气，这样自己宣泄了不满，却让他人成了出气筒，这种方法不可取。还有人通过疯狂购物、过度运动来转移注意力，这种非理性的行为虽然可得到一时的痛快，却也容易对自己造成伤害。最一本万利的疏解方式其实是倾诉。倾诉可以为心灵减压，当你将一切向值得信任的人倾诉，就会发现事情没有那么严重，混乱的思绪得以理清，烦躁的情绪得以安抚。

美国内战时，林肯总统每日心急如焚。但他是总统，是指挥若定的统帅，不能让部下看出自己的情绪。在人前，他总是一副胸有成竹的模样；在人后，他却极度苦闷，一肚子的话无法对人说。

终于有一天，林肯知道心里的事再不倾诉就会压垮自己，就写信给自己从前的一位老邻居，请他来白宫做客。邻居很快赶到华盛顿，林肯与他进行了一次长达几小时的谈话。邻居原本以为林肯有事要找自己，但他发现林肯在诉说的时候并不需要他的意见。老人明白，林肯并不是要找人商量什么，只是需要一个友善的、值得信任的倾听者。

会谈结束了，林肯露出了轻松的表情。老人知道，这一次倾诉减轻了总统的压力。

有时候我们并不需要得到什么建议，其实我们对于自己在做什么、如何做下去、会得到什么结果，比任何人都清楚，我们需要的仅仅是减轻自己的压力。就像故事中的林肯，他对南北战争的局势了如指掌，却仍然需要一个人来缓解内心的苦闷。也许我们都需要一个审视自己的机会，倾诉正为我们提供了这个机会。

在发达国家，心理医生是一个流行的职业。很多有专业素养的心理医生每天做的不是治病，只是倾听别人的烦恼；而那些来心理诊所的人并不是病人，他们仅仅需要一个倾诉的渠道，用以缓解自己的压力。所以我国有学者说：“人人都需要心理医生。”并不是每个人都有病，而是每个人都不应该过分压抑自己，要通过倾诉使自己保持身心健康。

看不透的时候不妨说出来，觉得累的时候不妨说出来，压力大的时候更要说出来。妥善选择你的倾诉对象，他应该是温和的、友善的、值得信赖的，最好是比你有更多阅历的人。当你实在找不到合适的倾诉对象时，还可以尝试和自己对话，自言自语有时也是一种方式。处境矛盾的人最容易疲惫，也最容易有压力。这时候，与其压抑自己，不如一吐为快。

矛盾来自心魔，而不是他人的品评

古代日本有一位被天皇器重的禅师，天皇特意为其修建了一座宝刹。这座寺院位于山间，每到黑夜，就有野鸟居于正殿。小弟子们只好每晚驱赶这些野鸟，将它们赶到院子里。禅师看到后说："正殿这样大，难道连几只野鸟都容不下吗？为什么要驱赶它们？"

天皇听说这件事后大为赞叹，对臣下说："禅师果然是世外高人，正殿就如人心，野鸟便如人言，人心之大，又何必畏惧几句人言？"

人心之大，不必畏惧人言。禅师说正殿不必驱赶野鸟，是因为能够纳万物者方为大善大用。我们需要有海纳百川的心胸，既要容纳旁人的赞誉，更要容纳旁人的不解与非议。

常言道祸从口出，有时候也可以说祸从耳入。我们常常很在意他人对自己的看法，想要知道他人在背后如何议论自己，以此来判断自己的地位，甚至决定自己和他人的关系。这样其实非常容易迷失自我。

人与人性情不同，成长背景、接受的社会教育也不完全相同，所以每个人都是独立的、与众不同的个体。我们与他人的想法会有重合之处，也会产生分歧。相同并不等同于正确，而分歧也并不意味着谁对谁错。更何况，有时候他人的评价不过是有口无心，你若斤斤计较、念念不忘，反倒给自己平添了烦恼，显得没有气量。

一个男孩天生有一副好嗓子，听过他唱歌的人都说他今后能当歌唱家，他小时候也曾做过当歌唱家的梦。可是，十几年过去了，这个梦早已远去。当同学们一起去唱卡拉OK，听到他的声音，都不解地问："你有这样好的嗓子，怎么能浪费？怎么不去专业学习音乐呢？"

男孩却有自己的苦衷，他小时候参加过不少歌唱大赛，可是每当面对评委和观众时，他就会紧张地忘记了歌曲的调子。这种事发生得多了，他就放弃了当歌唱家的念头。

有个老教授听说了这件事，就找来男孩："你到底怕什么？"男孩说："我担心自己唱的歌不合评委的心意。"老教授说："你唱歌的时候不想着歌曲，却想着别人的眼光，难怪你唱不好歌。你不克服这个毛病，能做好什么事呢？"

世间本无事，庸人自扰之。太在乎他人的品评，就会导致自己做事总以他人为标准，强迫自己迎合他人的喜好。就像故事里的男孩，唱歌的时候本来是要传达内心的感情，他却不想着歌词曲调，而想着他人会不会笑话，表现出来的都是胆怯，哪里能让听众满意？事实上，他的实力并不差，他害怕别人的眼光，其实是输给了自己的心魔。

归根结底，矛盾不是别人和自己过不去，而是自己和自己过不去。因为过于在意，他人的品评成了心魔，左右了意念和行动。过分在意他人的眼光，他人就成了我们成功的绊脚石。人最怕为了面子，不再完整地审视自己，而是一味地按照他人的说法调整自己的人生。

活在别人眼光中的人，终究会沦为他人的附属品。试想，一个人有着他人的喜好，做着他人喜欢的事，所有时间都在揣摩他人的心思，这样的人又哪里有时间和精力来关照自我呢？他会疑神疑鬼，终日不安。解开心魔，内心才能变得简单透彻。我们要知道，要克服的困难不是他人的一句话，而是我们对自己的信心与肯定。生活是自己的，我们需要外界的声音，却不能被外界主导。凡事要靠自己做最终决定，由自己负责承担，如此才能有真正的自我、真正的生活。

第五章 极寂寞之时，耐得住便是逸者

人生有追求便有寂寞。王国维说人要做事业，要望尽天涯，衣带渐宽，众里相寻，这都是寂寞而又苦闷的体验。但也正是寂寞成就了人们的深思、独立、坚韧、自如。

培养定力，便要耐得住寂寞，守得住信念。不因一时的无助而放弃，不因一时的失意而失志，不因无人理解而贬低自己，这才是超脱洒逸之人。

众人皆醉我独醒，独处者深思

一位师父正在给弟子授课，他说："很多人好奇我如何能成为一个有修为的人，我认为方法很简单，只要你学会享受孤独。"

看着弟子们不解的样子，师父进一步解释："就像各位看到的，我是个瘸子。在我很小的时候，我的腿便断了，不能走路。当别人尽情享受生命时，我一个人在病榻上抱怨苍天不公。我不与外界接触，不与他人接触，陪伴我的只有孤独。

"最初，孤独让我难过，我认为自己被这个世界遗忘。后来我渐渐发现，原来孤独也有好处，它让我有足够的时间平复心情，以冷静的心态思考问题，让我重新理顺人生，也让我发现活着是一种幸福。在独处时，我懂得了什么是人生，以及如何获得清明的心境。如果你们也能学会独处，享受孤独与沉思的乐趣，便能大有进步。”

人生在世，每个人都会面对孤独。哲人说，孤独是人生的常态。父母养育我们，但他们无法陪我们走完人生的道路；朋友理解、支持我们，但他们有自己的生活，不能够时时刻刻陪伴在我们身边；爱人是我们最亲近的人，但人与人本质不同，一个人永远无法完全理解另一个人……所以，人生的本质是孤独的。

多数人害怕孤独，一旦落了单，他们就会产生一种被遗弃的心理，进而自悯自怜。拥有丰富内在的人，却能够享受到孤独的美好，他们习惯独处，在独处的时候思考人生、思考生活。在独处时深思体现出一个人的心性，也只有在无人打扰的清静场合，人才能够真正做到抛离外物，否则熙熙攘攘，没有片刻安宁，思绪总是纷杂的，又如何能深入思考呢？

国王将独子送到一位智者门下，希望他将王子教导成优秀的接班人。智者答应了国王的请求。国王走后，智者对王子说：“万物才是人最好的老师，去森林里感受万物吧。”王子在智者的安排下，住进了森林。

一年过去了，智者去看望王子，问王子说："您每天除了读书，有没有听到什么声音？"

"我听到了流水的声音、风的声音，还有鸟的叫声……"王子回答。

"请您继续留心森林中的声音。"智者说完告辞而去。

又一年过去了，智者又一次去看王子，问了相同的问题，王子说："当我独自一人时，我听到了大地苏醒的声音、小草呼吸的声音、鲜花汲水的声音……"

"恭喜您，您已经懂得了万物的智慧，懂得了独处和静思的妙处。现在您即使处于闹市，也能够保持这样的心境，您一定可以成为优秀的国王。"智者说。

王子在智者门下学习，智者教他的并非治国之道，而是如何独处。智者深谋远虑，他知道人生而孤独，而国君无疑是芸芸众生中最孤独的一个。如果不能在年少时学习体味孤独，等王子成为国王，他如何面对更加巨大的孤独感？此时的王子学会了如何独处与静思，等他成为国君，自然能时时自省，端正言行。

独处也可以充满乐趣。与人相处，你的注意力都在身边的人身上，只有独处时，你的目光才会放诸其他，看到更广阔的天地。在与人交谈时，你担心会对他人失礼，无法仔细观察身边的事物；当一个人的时候，你便没有了这样的拘束，没有人妨碍，也不必忌讳他人，这也是一种自由。

学着独处就是学着享受心灵的自由，而自由的心灵最适合深思，为什么那些常常独处的人对事物的见解更加独到？就是因为他们有机会深入地分析事物，不被他人影响，也不被外界因素干扰，由此才能得出自己的判断。孤独不是坏事，也许它让你失去了一些喧哗热闹，却能给你更多的启迪、更多的智慧。

接受寂寞，才能享受寂寞

一个旅行团在大漠中遇险，因为出现风沙天气，救援队很难找到遇难人员，直到半个月后，才遇到一个生还的男人。男人遗憾地说："除我之外，其他人都已经遇难了。"

"哦，这真是太让人遗憾了。"救援队员连忙给这位先生递上水和食物。这个男人说："其实沙暴结束后，还有三个人活下来，但他们眼看其他人被埋在黄沙之下，不能接受这残忍的现实，所以越来越害怕，再加上饥饿和缺水，他们一个接一个地死去了。"

"您真是幸运！"救援人员说。

"我也忍受着死亡即将来临的孤独，几次想要放弃。但我看到沙漠上生长的仙人掌，在这样恶劣的环境中也能生存，我就鼓励自己接受现状，继续往下走，最终克服了恐惧，找到了你们！”男人兴奋地说。

有人说死亡不是最可怕的，等死才最可怕。因为死亡就像一团阴影一样慢慢侵蚀，等待的人无能为力，只会越来越绝望。有些绝境中的人害怕的并不是死亡，而是死亡来临前的寂寞。他们不是被死亡带走，而是被寂寞击垮。

不能接受寂寞的人有一个弱点，他们在心理上对他人、对外界有极强的依赖性。他们害怕独自面对困难，总希望身边有个人拿主意让自己参考；他们不愿意独自面对风雨，总希望有个人相互搀扶；他们无法习惯静默，只要身边有个人和自己说话，即使是自己不喜欢的人，也能让他们安心。

一个人在大环境面前总是显得渺小，人类天生就有群居性，习惯以团体的力量对抗困难。所以，我们可以理解获得陪伴的渴望，但却不能放纵自己时时刻刻都要求他人陪伴自己。独立是一个人立足于世的开始，它包括独自做出决定、独自面临困境、独自探索人生。放弃对他人的依赖、接受寂寞是一个人独立的基础，也是一个人心智成熟的开始。

方先生是电脑公司的技术人员，去年被调到德国工作。方先生不会德语，到了德国后虽然工作上有翻译帮忙，但生活上却遇到很大困难。他没有朋友，也没法和周围的人沟通，每周的户外活动就是去一次超市。渐渐地，他越来越无法忍受异国生活，每天只想着调回中国。

国内的朋友听说了这件事后，劝他出去走走，并说:“我记得你喜欢画画，德国风景好，不如你多去写生吧。”方先生认为这不失为一个打发时间的好办法，周日便拿起画板，外出写生。

德国的风景果然不错，湖水碧青，芳草如茵，还有庄严的古堡、幽静的森林，这样的景致在国内无法看到。方先生找到了精神寄托，从此每逢休息日，就拿着画板寻找美景作画。三年后，方先生回到国内，朋友们都说:“我们以为你在国外会十分无聊，没想到你画了这么多风景画，看起来你过得不错!”

“的确不错。”方先生说，“我不仅学会了德语，还学会了如何独处，享受自我。”

与寂寞和解，才能享受到寂寞带来的乐趣。寂寞能够让人成熟，让我们对生活有更多深刻的认识；寂寞让人更好地融入更大的环境，让我们发现很多平日不曾发现的东西。另外，寂寞让人懂得珍惜。寂寞的时候，人们会怀念往日的美好，怀念生命中那些温暖的回忆。这也是寂寞带来的另一种快乐，让我们更加知足，懂得感恩。寂寞让我们以旁观者的身份审视生命中的一切，看到自己的价值，反省过去的缺点，以更加严格的要求面对未来。

如何从接受寂寞过渡到享受寂寞？首先要善于调节自己的情绪，发现生活中的闪光点。寂寞的时候，如果我们沉浸在悲苦的情绪里，那么寂寞也就成了煎熬，毫无乐趣可言；但如果情绪是明朗的，我们就能像故事中的方先生那样，不断发现身边的美，并与之产生互动。当一颗心沉浸在对美的欣赏中，不论什么样的生活，都可以变得情趣盎然。将寂寞变为一种享受，就懂得了生活，也懂得了生命真正的意义。

不要依靠不能依靠的人

一位禅师带着弟子出门远游，途中经过一座山。一位徒弟主动探路，首先上山。山路起初好走，不一会儿就变得崎岖，弟子不甘就此打道回府，故而抓着枯草攀登。又过了一阵子，连攀登的枯草也找不到了，只剩下荆棘，弟子只好抓着荆棘向上走，最后也没找到出路，狼狈地下了山。

禅师见弟子手掌被划破，连忙问发生了什么事。弟子说：“山路难走，我只好抓着那些荆棘向上攀登。”禅师说：“荆棘本身就爱依附其他物体，且有刺，你抓住它，这不是自讨苦吃？记住，千万不要依靠那些不能够依靠的事物。”

当我们寂寞无助的时候，总会希望有人能够帮助自己。向他人求助本是平常事，但在求助他人之前，我们必须有自己的判断力，知道什么能够依靠，什么不能依靠。帆船可以依靠灯塔，依靠罗盘，这都是有益的，但它绝对不能依靠坏了的帆、不熟练的舵手，它们不仅对完成任务无所助益，还可能招致更大的损失。

小刘最近升任公司的销售主管，几个朋友为他庆祝。酒过三巡，小刘苦着脸说："我跟你们说个实话，这个位置我坐得不踏实。主管突然跳槽走了，领导找不到合适的人，才把我提上来。你们说，我能踏实吗？眼下就有任务，我都不知道去哪儿卖这笔货！"

听了这句话，在座的小孔豪气冲天地说："别怕，我们公司最近要进这一类设备，这件事包在我身上，我一定给你解决问题！"小刘听了，感激地直拍小孔的肩膀。

回家后，小刘经常给小孔打电话问情况，小孔每次都闪烁其词，小刘渐渐不满。这时有个朋友提醒小刘："小孔不是不帮你，但他又不是公司的领导，怎么能说进什么货就进什么货呢？你别太指望他。"小刘仔细一琢磨，真是这么回事，不禁懊悔自己相信了别人酒后的"豪言壮语"。

小刘想要依靠小孔，事前却没有考虑过小孔的实际能力，以致耽误了自己的工作，这件事究竟怪谁？恐怕还要怪小刘自己做事不周全，靠了不该靠的人。依靠不是攀附，也不是把自己的事完全交由他人操劳，一切都要在自己已有条件的基础上，借助别人的力量。如果自己没根基，就算借来东风，也只能手忙脚乱，当不了用兵如神的诸葛亮。

在生活和工作中，我们离不开别人的帮助。在向他人求助的时候，一定要认真考虑。想要得到别人的帮助，一定要考虑别人的能力和立场。如果别人不适合出面帮你，你提出要求就是为难他人；如果别人没有能力，你提出要求就是强人所难。就算是病急乱投医，也不要把内科病历投给外科医生。这样一来你不但得不到帮助，还会让那个无能为力的医生惭愧或者气恼。多为别人考虑，别人自然愿意多帮你。此外，不要因为别人没有帮助你，或者没有达到预期效果而生气，产生怨恨心理。被求者本身就有拒绝帮忙的权利，尽力了却没有做好也并非他人本意，懂得感恩才是心性高洁者的做法。

学会从容地面对失败

比利是一名保险推销员，他的成绩令同行刮目相看，有人总结他成功的经验——优秀的口才、细致的服务、整洁的仪容……但是，当其他推销员按照他的方法去做时，却不能取得和他一样的成绩。他们百思不得其解，只好向比利请教。

比利很乐于分享，他拿出一个本子说："这里面就是我成功的秘密。但我认为这对各位没有多大帮助，不过这个方法，各位可以参考。"

众人翻开本子一看，原来本子上记录的都是比利推销保险时所犯的错误，还有他想到的改进方法，写了整整一本子。推销员们恍然大悟，与其盲目学习别人的技巧，不如从自己的错误中吸取经验，这才是进步的方法。

人在什么时候最寂寞？失败的时候。当自己的努力化为泡影，那种灰心丧气的感觉最让人难受。失败会让人不再相信自己，对自己的人生和理想产生怀疑，对自己掌握的知识不再那么肯定，甚至怀疑自己做出的选择是否适合自己……所以，人们害怕失败。

故事中的推销员比利不知经历过多少挫折，才终于不再害怕失败，彻底走出失败的阴影。他的方法是把失败当成自己走向成功的教材，每一次失败的原因都记下来，告诫自己不要再犯。失败给人们以警醒，善于从错误中反省的人，才能避免犯同样的错误。而那些不懂得自省、一味抱怨的人，只能在一块石头上绊倒第二次、第三次……

孙敬从小就是个脑筋灵活的人，经常有许多稀奇古怪的想法，也经常惹事，好在他本质不坏，健康成长，还考上了重点大学。

大学毕业后，孙敬又开始“不安分”，他放弃进入知名企业的机会，自己鼓捣了一本杂志，但只出了三期就闭刊了。孙敬又开了一家饭店，没过半年，饭店倒闭。接着，孙敬又开了一家专卖店，因为经营不善，这家店也没活过一年。

经过几次失败，孙敬最后决定和朋友一起从一个新行业做起：他们开了一个摄影工作室。朋友发现孙敬是一个很好的合作者，他对各方面的事都有一定经验，而且很少抱怨。孙敬说：“出了问题，分析原因，尽快解决才是关键。”他们一步步分析客人的喜好，终于使工作室走上了正轨。后来，孙敬又在很多行业试水，都取得不俗的成绩。他以实际行动证明：成功可以是一种能力，一种由失败累积的能力。

当你见多识广，有了足够的心理承受力，有了足够的资本，成功就不再是难题。在那之前，失败都是你为学习缴纳的学费。一次又一次的挫折，只会让我们看淡失败，习惯寂寞与失落，让我们的心更加坚强从容，这是最大的收获。

我们都知道，失败是成功之母。这句话虽简单，却是至理名言。失败能够积累自己的能力，当一个人在各种领域受到挫折，但他仍然能纠正错误，不放弃奋斗，他就已经掌握了比别人更加丰富的知识。他知道的东西多了，见识的事物广了，经历得多了，人生自然就丰富。

人生最大的成就是以自己的能力克服失败。我们每个人都要学会走出失败。走出失败并不意味着成功，却意味着你已经具备成功者的素质。走出失败是一个心理过程，要克服失落感，重建自信心，最重要的还是要耐得住寂寞。不要以为自己被打败了，如果你自己不倒下，没有任何人、任何力量可以让你倒下。你并非无法成功，只是经验还不够。

将冷板凳坐热是一种能力

小周已进入公司人事部工作半年，但仍然是一个愣头愣脑的小伙子。他对经理说："我想知道您是如何确定一个人的升职潜力的，为什么您说能升职的人，一定是总经理会提拔的？"

"这很简单。"经理说，"就拿新人来说，那些肯坐冷板凳的，往往比那些咋咋呼呼的有实力。新人进了公司，难免有个被冷落的过程。这时候，有些新人整天抱怨，说自己怀才不遇；但有一些人从来不吭声，认真地完成任务，主动学习，这样的人十有八九是有成就的。"小周恍然大悟："原来如此，这样说来，就算在高层领导里，也有坐冷板凳的吧？"

"没错。"经理点头，"一切领域都有坐冷板凳的人，观察一个人的能力就是看他能否把冷板凳坐热，只有耐得住的人，才能成大器。"

有经验的人都知道，真正做大事的人，应该具备两个必不可少的要素：一是有能力；二是沉得住气、耐得住寂寞，也就是人们说的能坐冷板凳。在职场上，坐冷板凳的人最寂寞。

似乎永远不会有人注意他们，他们看上去可有可无，没有任何存在感。坐冷板凳的人大多认为自己不会有什么成就，有什么机会都到不了自己头上。所以，冷板凳上的人处境艰难。

仔细分析坐冷板凳的原因，要么是这个人能力不够；要么是上司拿不准你的能力和性格，想要把你放在一个冷僻的位置上，察看你的天资与耐性；还有一个可能就是上级想要升你的职，但要观察一段时间再做最后决定。能力不够，自然不能怪别人；如果能力够却还是坐在冷板凳上，也不用着急，因为坐冷板凳未必是坏事。

一个人向从远方来的禅师说起自己的烦恼：他的弟子众多，可是他们身上总有这样那样的问题，不能让自己满意。他希望有个出众的弟子继承自己的衣钵。

禅师说："我看了你的弟子，他们每天勤于读书，天资也算聪慧，但身上总像少了什么东西，也许你应该考虑再收几个弟子。"二人谈兴甚浓，彻夜未眠，一直聊到第二天清晨。二人正要安歇，突然听到院里传来钟声，钟声铿锵，余韵悠扬。禅师说："我走过这么多的地方，还是第一次听到这么美妙的钟声。"这个人立刻叫来弟子吩咐道："快去看看，今天敲钟的人是谁？将他带到我这里！"

敲钟人很快被带到房门外。那是一个年幼的小弟子，刚来几个月，平日也看不出他有什么天资。这个人问："徒儿，你在敲钟的时候想着什么？”

“敲钟是徒弟的职责，徒弟敲钟时，心里只有这口钟，一心想让它的声音更悦耳。”小弟子清脆地回答道。

禅师点点头，说：“以小窥大，方知人心。您这位高徒前途无量，值得好好栽培。”

小弟子虽然只是敲钟人，却能敲出一番悦耳钟声，令禅师叹服，这就是做事的境界。现实职场中，坐冷板凳的结果有三个：一种是耐不住寂寞，跳槽到其他公司；一种是自甘平庸，在冷板凳上一直坐着，一无所成；一种是能够把冷板凳坐热，让人发现自己的优秀，承认自己的价值。在冷板凳上的人常常觉得自己无事可做，这时就要学习，就要钻研如何能把小事做好，让别人能够以小见大，承认你的能力和悟性。

事实上，冷板凳最能考验人，也最能成就人。我们每个人都会有坐冷板凳的时候，这个时候不必心灰意冷，要有面对困难的耐心，还要有耐得住寂寞的韧性。只要心中有对事业的坚持、对生活的热情，一定能够感染他人，成就自己。

怀着信念前行，脚步会越来越轻

师父带着徒弟旅行，一路上风餐露宿。徒弟没想到如此辛苦，难免抱怨，一会儿嫌路程太远，一会儿说行李太重。师父说："我们要去拜访几位德高望重的老先生，怎么能说辛苦呢？"但徒弟仍然改不了抱怨的毛病。

一天，师徒二人走进一座深山，师父突然说："这山里有老虎，我们一定要快点走。"徒弟听了，不由得加快脚步，师徒二人走得飞快，很快就出了深山，在山那边的小镇歇脚。师父问："你刚才走了那么多山路，肩上又有那么多行李，很累吧？"

徒弟摇摇头说："奇怪，刚才一心想着逃命，脚下像生了风，一点也不累，这是为什么？"

"因为你有求生的信念，再远的路也能走，再重的担也能挑。如果你也有求智慧的信念，就不会一路都抱怨。"师父回答。

如果一个人愿意像爱生命一样爱自己的理想，那么理想就会成为一种信念。人必须有信念，信念就像黑暗中的灯塔，尽管它在远方，但是却为你指明了方向，让路途看起来不再遥远。特别是人在灰心丧气时，想到它，就会涌出不服输的念头和力量，支撑自己在困境中站起来，让疲惫的心灵再次振作。信念，让人们相信不可能可以变为可能，相信光明与未来。

伴随理想而来的不光有成就和辉煌，还有寂寞。有时候寂寞来自他人的不理解，当你选择一项事业，做出一个决定，身边的人可能都会反对，认识的人都表示怀疑。这种不被理解的寂寞，会让人很难受。这个时候信念就显得更加重要，唯有心怀信念，才能在众人的疑虑中坚守自己的选择，做出一番成绩。

王林是管理专业的学生，在大学时，他自修日文。也许是运气不好，他的日语等级考试一直没有通过。不过，王林并没有放弃学习日文，他一直很努力地练习会话，阅读各种日文书籍，并把它作为自己的爱好。

毕业后，王林进入一家酒店工作。有一次，酒店来了一位日本籍客人，当时翻译都不在，负责接待的王林只好硬着头皮和那位客人沟通，还帮主管翻译了客人带来的资料。主管惊讶地说："真没想到，你的日文这么好！"

因为优秀的日语水平，王林很快得到提拔，后来更被总公司调到日本，负责那里的市场开发。王林庆幸自己从未放弃过学习日文，才终于等到能够派上用场的那一天。

做一件事，许久不见成就，难免灰心丧气。故事中的王林却有自己的开导方法，他把一直在做的事当作爱好，有成绩固然高兴，没有成绩至少有乐趣。如此一来，学习的寂寞便不再是寂寞，而是一种丰富自己的信念。

人为什么能忍受寂寞？因为心中有信念，有一定要达到的目标，这个目标所要的结果不一定是世俗意义上的成功，还可能是志趣的提升，或是单纯的奉献。因为有了这样的认识，即使是中途遇到挫折和失落，也不会放在心上。所以，信念是寂寞路上的好伙伴，它让寂寞不再那么苦涩、那么难以忍耐。

如果你正在奋斗的路上，请带着信念前行。当一个人怀有信念，他就会发现自己肩头的压力不再那么沉重；当一个人心无旁骛，他就能减少不必要的烦恼，轻装上阵。在寂寞的时候，要相信你做的事不会白费，你的努力终会得到回报；在失落的时候，想想自己最初的信念，就能一往无前，向着理想大步前进。

第六章　极困难之时，打得通便是勇者

为者常成，行者常至。每个人都会面临困境，与其畏手畏脚，怨天尤人，哀叹自己时运不济，不如凭借一腔热情，建立自信，克服困难，当个勇者。困境是成功的试金石，勇者无惧，既拥有明日的机会，又拥有充实的人生。

狭路相逢勇者胜

一天，国王对三位王子说：“我有一个心愿，想去传说中的月亮城看一看。那座城在很远的地方，需要你们先去给我探探路，看看从这里到月亮城要多少时日。”

王子们上路了，他们没想到去月亮城的道路如此艰难：首先要翻过一座大山，然后是一条横亘的河，接下来是野地，还有沙漠……走到一半的时候，大王子忍受不了旅途的辛苦，回去告诉父亲：“月亮城太远了，根本没法到达。”

二王子和三王子则继续行进。他们穿过一片沼泽，接着遇到一座雪山，二王子见此也返回了都城，对父亲说：“月亮城太远了，根本无法到达。”

只有小王子没有放弃。经过长途跋涉，他终于到了月亮城。回到都城后，他兴奋地告诉父亲："原来月亮城并不远，到那儿只需要一个半月的时间。"

父亲说："没错，只需要一个半月。"

"难道您早就知道了？"王子们吃惊地问道。

"我年轻的时候就已经去过月亮城，我让你们去是想告诉你们，没有比脚更长的路，一切苦难都可以克服。"国王平静地说。

世界上并没有那么多的懦夫，更多的人在面对困难时都希望自己有勇气排除万难，达到目标。那么，为什么最后成功的人却寥寥无几？因为面对困难时，他们会尝试着迎难而上，可一旦发现困难比想象的要大，就忍不住打起了退堂鼓："我已经做了很多事，能做的都已经做了，现在不是我不坚持，是情况不允许。"于是，带着这种精神上的胜利，他们毫无愧疚地撤退，困难仍然是困难。

对于勇敢者，一位诗人曾经写过："没有比脚更长的路，没有比人更高的山。"勇敢不是不怕困难，而是在困难面前，即使害怕也从不退让，甚至有时候要知其不可为而为之。不去尝试突破的困境永远是难以逾越的。面对困难，我们要保持内心的平静和行动上的积极，两者结合就是勇气。

大学刚毕业的尚宇遇到一个十分难缠的上司。这个上司最爱挑人毛病，对待新人，他可谓时刻观察留意，一有毛病就要说个没完，还会把这些事告诉总经理。更让尚宇受不了的是，一旦工作出了问题，上司就会把责任推给自己。忍无可忍的尚宇只好选择跳槽。

在新公司，倒霉的尚宇又遇到一个麻烦的上司。这个上司脾气暴躁，动不动就骂人，骂得十分难听。尚宇心高气傲，又想辞职了事。他的父亲劝他："世界上怎么会有十全十美的上司？如果上司要求严格，你就尽力达到他的要求，这难道不也是对自己的促进吗？"父亲的话让尚宇打消了辞职的念头，他工作更加努力了。渐渐地，上司对他的印象越来越好，逐渐将他作为重点培养对象。

对待困难，最好的方法不是躲避，而是迎难而上。很多人在困难面前游移不定，他们对他人说自己是在思考解决的办法，其实是在左右徘徊，犹豫着不敢向前迈步，不断纠结要不要换个方向。在时机不成熟的时候，回避困难的确是一种策略，但大多数时候，需要你迎上去，拿出拼劲去硬碰硬。

狭路相逢勇者胜，逆境更能培养一个人勇敢的品性。不够勇敢的人只能与困境长期僵持，意志越来越消沉，直至彻底被压垮。勇敢的人却能把困境作为踏板，闯出一片天地。任何人都都有困难之时，与其坐以待毙，不如当个赤手空拳打开局面的勇者。

不是每朵鲜花都能成为果实

师父和弟子正在花园里锄草。弟子看到满花园的花朵，兴奋地对师父说："您常说人世枯荣的道理，我现在突然明白了。"师父说："说说你想到了什么。"

"我想人与万物没有什么不同。年轻人就像花园里的鲜花，娇艳欲滴，人人喜欢；壮年人就像果实，皮实肉厚；老年人就像果核，干干巴巴。您看我说得对吗？"

"你说得没错，但你不明白，果核看似无用，却是生命的凝结。"

"可是要是没有鲜花，就不会有果实，更不会有果核，鲜花才是最重要的吧？"弟子有些疑惑。

"没错，所有果实都曾经是鲜花，但你千万不要忘记，不是所有鲜花都能成为果实，更遑论果核了。"师父回道。

故事中的师父意在警醒徒弟：不是所有年轻人都会成为有智慧的老人，就像不是所有花朵都能结出果实，不必为自己今日的资本得意，不去想不去做，今日的鲜花再娇艳也未必能长存。

什么样的鲜花能够成为果实？首先是那些懂得保护自己的、不被人攀折的花朵。这样的花朵会尽量长在最高的枝头，不但能够接受最充足的阳光，也能防止被人摘走。想要成为果实，还要有成长意识，它会将根扎进最深的土壤，以汲取最足的养分，让自己越发成熟。

人也是一样的，想要有所成就，就要注意自己的根基，在一开始就要有学习意识，不断地累积，壮大自身。唯有如此，才能超越自身的局限，使生命焕发光彩。每个人都是有可能结果的花朵，关键在于你愿不愿意想、愿不愿意做。

在酒店大厅，几个中年女服务员正要交班，这时走来一位衣冠楚楚的女士，她向其中一个女服务员打招呼："好久不见！最近怎么样？"那位女服务员亲热地挽着女士的手，聊了一会儿天。等到女士走后，其他服务员说："天啊，那不是有名的服装设计师吗？你怎么会认识她！"

"哈哈，我当然认识她，在十几年前，她和我一样，都是这里的服务员。"女服务员说。

"那么，你们现在为什么有这么大的差别？"其他服务员问。

"那也不奇怪，因为我一直为薪水工作，而她在那个时候，就自己去报夜校，学习服装设计。她一直为此努力，所以现在她是知名设计师，我还是一个为薪水工作的服务员。"女服务员说。

同样的境遇下，选择不同，结局自然不同。同样是酒店女服务员，有人可以成为设计师，有人十几年后仍然是服务员。如果对工作心满意足，生活平安喜乐，任何工作都没有区别。最怕的是内心不满足，自己还不肯努力，只会羡慕别人的成就。

仔细分析人们不努力的原因，就会发现并不仅仅是因为懒惰。有些人一直勤勤恳恳，他们放弃努力是因为没有想到，或者干脆不敢想。常听这样的人说："我这一辈子就是这样了，做不了什么大事。"事实上，没有人限制他们，是他们自己限制了自己，他们在心里先给自己设了一个笼子，以为自己永远走不出去。于是，即使机会来到他们面前，他们也会对自己说："不可能，我做不到。"

倘若人们没有足够的勇气去做梦，就只能自甘平庸，一辈子碌碌无为。生命只有一次，敢于做梦，困难就不再是困难，挑战也成了有意义的尝试，就像拿破仑所说的，"不想当将军的士兵不是好士兵"。

抱怨于事无补，行动才有改变

古时候，有个村庄闹了旱灾，农夫一家已经断粮三天，儿子饿得快要晕倒。农夫和妻子只好求神拜佛，希望老天赐给孩子一口饭吃。

有位菩萨听到了他们的哀求，现身说："我愿意实现你们三个愿望，请告诉我吧。"农夫的妻子连忙说："我的儿子快要饿死了，请给他一碗饭吧！"菩萨立刻变出一碗饭。

农夫却大发脾气，对妻子说："你怎么这么笨！竟然只要一碗饭！你这么蠢，应该让菩萨把你变成一只猪！"话音刚落，妻子就变成一头猪。

农夫大惊，连忙对菩萨说："菩萨，求求您，我不能没有妻子，请你把她变回来吧。"转眼间，菩萨又将猪变成人，接着就消失了。儿子吃到一碗饭，却没有吃饱，仍然饿得直哭。

身陷困境的时候，很多人习惯抱怨。抱怨是一种简单易行的发泄方法，如果有人说抱怨不对，习惯抱怨的人可能会反驳说："物不平则鸣，抱怨几句有什么关系？"假如仅仅抱怨几句，当然没有多大关系，就怕抱怨成了习惯，从此遇事就抱怨。

当一个人习惯抱怨，他就会认为抱怨无伤大雅。而实际上，抱怨让人习惯推诿责任，他们会抱怨外界环境不好，身边的人不好，自己的运气不好，就是不会问问自己究竟有什么问题。而且，抱怨的情绪是会传染的，当团队中有人习惯抱怨，其他人要么因他的抱怨而心生厌烦、产生怨气，要么被其同化，和他一起抱怨。无论哪一种，对团队效率和团队氛围都会产生极坏的影响。所以，抱怨对于解决问题提供不了任何帮助，只会让人沉浸在沮丧的情绪里不能自拔。

古时候，有两个人想去远方旅行。

一个人说："那的确是个好地方，我也想去，为此，我一直在准备盘缠，设计路线，至今还没成行。那么你准备了什么？"

另一个人说："我什么也没有准备，只有一个装水的瓶子，一个装饭的碗。"

前者听后，嘲笑他说："你真是异想天开。"

后者并未辩驳。没想到一年后，后者已经从远方归来，而前者仍然在为旅行做着准备。

计划固然重要，但不付诸行动，任何完美的计划都是空谈。积极行动才是排除万难的法宝，只有行动才能把复杂变为简单。

把眼界放大就会发现，与那些真正有困难的人相比，自己的困难真的不算什么；把目光放远就会发现，与未来的成就相比，眼前的困难根本不算什么。生命有限，时间有限，很多机会会在你抱怨的时候偷偷溜走，有时间抱怨，不如马上制定计划，开始行动。面对困难，我们需要的是勇敢的行动，而不是沮丧的抱怨。

行百里者半九十，梦想毁于半途而废

弟子正在院里挖水井。他是个没常性的人，东挖一锹，西挖一铲，挖了半天都没有任何收获。师父在旁边看到了，就对他说："在一个地方挖，不要乱动。"

弟子只好确定一个方位，不停地挖。一连挖了几个钟头，他的双手累得发麻，累极了的他将铁锹扔掉，对师父说："不挖了！不挖了！这个院子根本挖不出水井！"

"你这个没常性的人！"师父训斥道。然后，师父亲自拿起铁锹，在徒弟刚才挖的地方继续挖。不到几分钟，井水就冒了出来。师父说："像你这样没有毅力的人，做什么能成呢？以后要改改你这个毛病！"

有多少人的努力停在了成功的前一刻？成功有时候就像

小弟子挖井，成于坚持，败于半途而废。跑马拉松的人最能体会坚持的重要性。当出发的口令响起，众人兴致勃勃地奔上跑道。很快，差距拉开，有人因没体力而退出，有人因太乏味而退出，剩下的人默默地继续跑，他们知道一旦选择开始，就不能轻易放弃，名次并没有那么重要，重要的是证明自己有这份能力和毅力。在漫长的跑道上，能够坚持到底的人都是勇者。

现实并不是马拉松，马拉松有明确的终点，现实却没有。也许你一直在跑，却一直看不到尽头。这时候，失望与疲倦来得更加强烈，你只能不断告诉自己继续跑，不能放弃。一切都是对自己的历练，即使最后不能到达希望的地方，他也能在路途中得到诸多经验和乐趣，这不就是人生的意义?

一个裁缝，手艺不好不坏，开了一家制衣店度日。年老后，他给孙子讲起了自己的经历：

“我像你这么大的时候，是一个喜欢拉小提琴的小少爷。那时候，我家里很有钱，父母送我去一位音乐家那里学习。音乐家很看重我，想把所有的本领教给我。可是过了几年，我迷上了赛马，整天泡在跑马场里，荒废了学业，还将父母留下的遗产全花光了。

“后来，我又开始学习缝纫。师父说我很有天赋，可是我学到一半，又想当雕塑家。于是，我去了巴黎一所学校学习雕塑。到最后，我什么也没学成，只能用半吊子的缝纫技巧开了这家小店混日子。因为什么事都做不到最后，我一无所成，希望你们不要重蹈我的覆辙。”

有位哲人说：“假如时光可以倒流，世界上将有一半的人可以成为伟人。”因为时光往复，才会知道当时坚持下去的重要性。半途而废，浪费的是自己的时间和才华。

人们常常思考自己正在做的事，有时会想选择另一条路是不是更好。这件事我们应该全面地分析：选定一条路，发现走不通的时候，可以改变方向；但仅仅是旁边出现看似更好的路就改道，可能就会得不偿失。因为旧路已经走了一半，只差坚持，新路一切都是未知的，很难预测。行百里者半九十，为什么失败的人总是比成功的人多，平庸的人总是比优秀的人多？就是因为前者选择了放弃，后者选择了坚持。前者得到的是一时的安逸，后者得到的却是一辈子的荣光。要成为优秀的人，首先要能做个不放弃的勇者。

人生辛苦，困境重重，谁都有过放弃的念头，谁都想换一种更轻松的生活，但要明白每一种人生都有其辛苦的地方。想要放弃的时候，不妨想想自己当初选择的理由。人们的选择有时是现实所迫，更多时候是基于某种愿望，放弃一半的努力，就等于放弃全部的愿望，你甘心吗？不要轻易说结束，鸣锣开场的戏剧，你身在其中，就算不是主角，也要演到最后。

正视自我，他人并非比你优秀

森林里正在举行一场演唱会，夜莺和百灵是演唱会上的主角，黄鹂也因婉转的声音而得到评委的青睐。这时，一只猫头鹰上台唱起了歌，那哭丧一样的嗓子让听众们大叫：“别唱了！别唱了！听你唱歌简直就是受罪！”

猫头鹰很伤心，对森林之王哭诉道：“同样是鸟，为什么我唱歌就这么难听？”

森林之王说：“不必沮丧，你的歌声虽然不好，但在鸟类中，你的视力却是数一数二的。你还有敏捷的动作、锐利的爪子，在黑暗中，很少有鸟类能做你的对手。”

听了森林之王的话，猫头鹰才突然发现，原来在他人眼中自己竟然如此优秀。

生活中，人们常常羡慕那些优秀的人，暗暗幻想如果自己也有那样的条件该有多好。越是羡慕，就越喜欢拿自己和他人做对比，而且专门拿自己的缺点比人家的优点，拿自己没有的东西去比人家拥有的东西，比来比去，就会发现那个人十全十美，而自己一无是处。结果，心态越来越失衡，愈发没有幸福感。

不可否认的是，有人与人的能力的确不尽相同，在同样的事上，有人有天生的优势，有人只能靠后天弥补。这时不要钻牛角尖，感叹自己没有天赋。每个人都有长于他人的地方，重要的是看你能不能发现。多多尝试，多多行动，总能找到适合自己的路。将时间浪费在羡慕与抱怨上，才是真正蹉跎了才华和生命。

有个年轻人整天闷闷不乐、郁郁寡欢。

智者见此，便问他："你还这么年轻，为什么整天不开心呢？"

"因为这个世界不公平，别人那么富有，我却如此贫穷。"年轻人说。

"贫穷？我认为你很富有。"智者想了想，说，"比如，我给你一万元钱，买你一根手指，你愿意吗？"年轻人翻个白眼说："当然不同意！"

"那么，如果我和你换一下，换你来当一个富有却衰老的人，你愿意吗？"智者问。

年轻人连忙说："当然不愿意！"

"所以，你身上已经拥有无价的财富，又何必耽误自己呢？"智者说。

当你认为自己一无所有的时候，有些人正拿羡慕的眼神看着你。这个世界上没有真正一无所有的人，人们之所以会认为自己拥有得少，一是因为贪婪，二是因为喜欢和人比较。

遭遇困境时，人们更容易产生对比心理，他们会想："假如是 ×××，一定不会像我这么费劲"，或者"如果我有 ××× 那样的条件，肯定不会这么倒霉"。这些羡慕仍然是一种用来逃避的借口，因为不相信自己的能力，或者对自己的能力不满意，才会对他人的成就念念不忘。退一步讲，难道你有了 ×× 的条件，就不会倒霉？难道你有 ××× 的能力，遇到困难就能轻而易举克服？凡事要看你敢不敢做、能不能做，而不是有没有条件。

想要突破困难，首先要正视自我，既要正视优点，也要正视缺点。对自大的人来说，要多多留意自己的缺点；对缺乏自信的人来说，要仔细寻找自己的优势。不要总觉得旁人比你优秀，他们之所以能突破困境，是因为他们有坚定的决心和积极的行动，只要敢想敢做，你也一样能成功。

敢于突破，畏惧是心灵的桎梏

古代海宁有一座龙王庙，据说庙里的龙王很不好惹，每年，百姓们都要敬奉丰厚的食物，否则龙王就要降下大雨，搅得海宁鸡犬不宁。那时候的海宁并不富庶，想要凑足这些供品很不容易，但百姓们被洪水吓怕了，每年都要杀猪宰羊。

有个人听说了这件事，拿着一把长剑冲进龙王庙，指着龙王的雕塑骂道："你算个什么东西，百姓连饭都吃不饱，你还要作威作福，我今日就来收拾你！"说着，他用剑捣烂了龙王雕像，又把庙里的东西砸个粉碎。

百姓听说了这件事都大为恐慌，生怕龙王降罪，还有人斥责那个人，让他跪在龙王庙前请罪。那个人说："你们不要自己吓唬自己！该种地的就去种地，该打鱼的就去打鱼！"百姓们惴惴不安，却也没有其他办法，只好按照他的话照常生活。日子一天天过去，也没见龙王降下滔天洪水。百姓免去供奉的重负，对那个人感激不尽。

在古代，人们敬神畏神，把风调雨顺、转危为安的希望寄托在莫须有的神灵身上，有时还会自己吓唬自己，怕做了什么神灵会发怒。故事中的那个人很大胆，他消除了百姓的畏惧心理，让他们明白禁锢他们的并非龙王雕塑，而是他们内心深处的恐惧。

每个人都会有恐惧心理，尤其是面对困境或未知事物的时候，总认为困难过于强大，以我们的能力远远不能解决。我们也并非不知道困难与机遇并存，可是无论如何也不敢向前迈一步，越拖越怕，越怕越拖，于是畏惧心理产生了。心怀恐惧时，我们也曾祈求神灵保佑，安慰自己吉人自有天相，但我们知道这仅仅是一种自我安慰。那么，为什么我们无法克制自己的畏惧心理？难道困难就真的那么可怕？

其实，我们害怕的并不是困难，而是失败，还有伴随失败而来的心理上的失落。我们能够承担过程中的辛苦，却害怕徒劳无功。然而，结果未出现之前，谁又能保证一定会成功呢？每个人都有失败的可能，胆怯者选择徘徊犹疑，勇敢者即使想到最坏的结果，依然会选择努力。

神仙决定在森林里推选一位百兽之王。动物们听说了这件事，都跃跃欲试，向神仙吹嘘自己的本事。

“你们说得天花乱坠，我也不知道该听谁、该信谁，不如我安排一个测试。”神仙说。

神仙把动物们带到一个水池边，对它们说：“这是我刚刚弄好的水池，里边撒满剧毒，你们跳下去后一定要快点划到对岸，不然就会中毒身亡。第一个游过去的，就是百兽之王。”

动物们你看我，我看你，谁都觉得这件事风险太大。不当百兽之王又有什么关系？命才是最重要的。它们不约而同地向后退了又退。

狐狸和狮子一向不和，看到一池毒水，狐狸心生歹意，从背后推了狮子一把。狮子掉进水中，想到横竖都是死，不如放手一搏，于是拼命游向对岸。因为心里没有负担，狮子很快就游到了对岸。之后，再也没有动物敢尝试，狮子顺理成章地成了百兽之王。

神仙后来说：“那只是一潭普通的水，难倒你们的不是这池水，而是你们的畏惧之心。”

一件事只有真正去做，才能知道它的真实情况。很多事看上去很难，其实很简单，只是其唬人的外表迷惑了多数人罢了。困难的本质不就是这样吗？畏难的人永远比迎难的人多，迎难的人却知道困难没有那么可怕。

人生难免有输赢，我们会发现赢的人不比输的人多什么，他们只是更有胆略，敢做别人不敢做或者不愿意做的事；输的人并非技不如人，而是未做事之前，内心已经陷入畏惧的泥沼中。好运永远不会眷顾没有勇气的人。遇到难题，一味地懊恼自责，还未尝试就先退却的人，注定要品尝失败的滋味。

畏惧不能成就伟人，害怕只会牵绊自己的脚步。只要你对一件事足够用心，足够努力，就应该鼓励自己大胆一点，积极一点。要知道，不能直面的恐惧将会成为你一辈子的阴影。与其长久被阴影笼罩，不如下定决心早日克服。请相信：世上无难事，只怕有心人。

享受过程，将苦难变为甘美的回忆

山间有两块石头，它们享受着清风明月、绿树野草，偶尔还有人在它们身边谈天，说些奇事逸闻。两块石头生活得很惬意。

一天，一块石头说：“我们的生活太平淡了，我希望出去旅行，增长见闻，让自己的生命更有意义。”另一块说：“别折腾了，放着好好的日子不过，去增长什么见闻。你有多结实？怎么能忍受那些磕磕碰碰的日子呢？何况还有粉身碎骨的危险！”

“可是，我还是想让生命更有意义一些。”第二天，它就请求牧童将它带下山。

后来，这块石头历尽磨难，最后掉进一条河。它在河水里颠簸，磨平了所有棱角，直至一双手将它再次捧起来，它听到有人说：“天啊，这是一块多么精美的石头！”

于是，它被带走，变成博物馆里展览的宝物。而它的同伴，迄今还是一块普通的山石。

在一部分人刻意回避苦难的时候，也有一部分人主动跳出舒适圈，选择苦难。因为历经苦难，方得历练。就像故事里的石头，被大风大浪打磨得光洁圆润，让人啧啧称赞，那是历经苦难后才有的独特魅力。“苦尽甘来”是令人向往的境遇，人生有高潮就有低谷，苦涩甘甜交织，体验过苦难，甘甜才分外纯粹，为了追求甜，必须要经历苦难、忍受苦难。

苦难是人生的历练场，每个人都可以从中积累财富，得到经验。面对苦难，我们需要鼓起勇气。勇气的本质是什么？是抵抗压力的能力。外界的难题带来的焦虑感、无人援手的孤独感、能力不足的惧怕感、前程渺茫的失落感，这一切交织成巨大的压力，沉甸甸地压在心头，让我们喘不过气来。只有勇气能够让我们保持内心的坚强，与焦虑和孤独对抗，让我们不致被苦难击倒。甚至有些时候，因为有勇气，我们能够把苦难变作一种享受，一种由苦到甜的、生命必经的过程。

一个刚开始学小提琴的女孩有个愿望，她想砸烂那把小提琴，因为她完全跟不上老师的讲课节奏。她的老师是个古板的大学教授，每天都要求她练习高难度的曲谱，女孩完全吃不消。每次去上课，老师都会因她的错误而严厉地批评她，几乎每次都把她骂哭。女孩心理压力太大，再也忍受不住，就跟妈妈说："妈妈，我不想学小提琴了。"

妈妈问清原因后，不但不同情女儿，反倒对她说："既然开始学，就要学好，按照老师说的去做，不会让你吃亏的。"得不到母亲的支持，无奈的女孩只能战战兢兢地去上音乐课，她经常被老师骂哭，也常常在心里咒骂小提琴和高难度的曲子。

直到有一天，女孩去参加一个音乐比赛，题目都是有难度的名曲，很多参赛选手无法顺利完成，而她的演奏却感动了不少评委。那一刻，女孩才终于明白了老师的苦心。

懂得教育的老师明白心理素质的重要性，在平日就把有资质的学生放在艰难的境遇中，让他们承受巨大的压力，磨砺坚韧的品性。唯有如此，在重大场合，他们才能够做到不怯场，只要照常发挥，就能优于他人，得到好成绩。

一个经常经历磨难的人不会把困难当回事，他们的内心早已习惯与困难做斗争。因为习惯了困难，他们有足够的耐性去观察困难，分析困难，还能在突发状况下保持理智，对即将到来的危险保持警惕。因为有了这层心理准备，无论面对何种境况，他们都能鼓起勇气，打起精神。

有定力者敢于正视苦难。苦难是人生的财富，唯有苦难才能建立人的抗压能力，让一个人明白何谓勇气。一帆风顺的人大多经不起打击，胜利常常属于那些不屈不挠的人，他们把苦难当作考验，当作教材，他们享受磨砺自己的趣味，将压力变为动力。不必害怕苦难，只要有足够的勇气，我们一定能够排除万难，证明实力，实现愿望。未来，永远属于勇敢的人。

下篇　沉住气才能成大器

人生在世，全凭一口气，无论是志气、勇气、才气抑或是傲气，都要沉住。这是一个人事业成功的开始，更是成熟的标志。正所谓“一忍可以支百勇，一静可以制百动”，人生就如航行在大海中的一只小船，只有在狂风巨浪中沉住气，把盘掌舵，才能扬帆远航。

第一章　承载寂寞，忍耐苦痛：心志上要沉得住气

在拼搏的道路上，最可怕的是孤独，最难耐的是寂寞，最无法忍受的是煎熬。要想到达成功的彼岸，就要沉得住气，耐得住寂寞，忍得住痛苦。化茧成蝶，需要一段寂寞的等待，沉得住气，才能成就精彩的人生。

十年磨一剑，沉住气性厚积薄发

三国时期，司马懿在曹操赤壁之战大败后投靠曹操，恰好抓住了曹操大败后求贤若渴的机会。但曹操生性谨慎，他看得出司马懿胸怀大志，却故意不近身委以重任，而叫他辅佐曹冲。面对这样的委任，司马懿没有选择离开，而是尽心尽力地留在曹冲身边。

在宫廷斗争中，曹冲死于非命，曹操又命司马懿另侍新主。但这时，曹丕、曹植、曹彰等皆前景未明。于是，司马懿隐忍不发，选择为曹冲守灵三年，待曹丕前景明朗后，才重出江湖，加以辅之。

在朝中，曹氏家族一直对他打击中伤，三翻四次将其贬谪，甚至使之有性命之危，但他凭借自身的智慧和坚韧挺了过

来，最终奠定了司马家族在魏国的地位。

综观三国，英雄辈出，蜀国有诸葛亮、关羽、张飞、赵云，吴国有周瑜、孙乾、陆逊，比之关、张、赵的武艺和诸葛亮的神机妙算，司马懿称不上奇才，但他性格坚韧，时刻不忘自己的抱负，为了终有一日的“薄发”而“厚积”。十年磨一剑，终有所成。

唐代诗人贾岛在《剑客》一诗中说：“十年磨一剑，霜刃未曾试。”“十年磨一剑”，可见此剑凝聚了剑客多年心力，非同一般；“霜刃未曾试”，可知剑刃寒光闪烁，锋利无比，虽说“未曾试”，但跃跃欲试之意已流于言外。十年磨一剑，是一种泰然自若的心态，一种有志者事竟成的气度，更是一种成大器的智慧。

现如今，很多人以社会过于浮躁为借口，有意无意地趋向于急功近利，丧失了“磨”的精神。然而，人生之路充满崎岖，失去“磨”的耐性，又怎能坚定不移地朝着目标走下去？十年磨一剑，并非无谓的等待，更有别于怯懦的忍耐，而是为了实现宏大目标的积淀。只有静下心、沉住气，才能厚积薄发。

古今中外，但凡成就大事者，都能不急不躁，以足够的耐心等待机会、创造机会。他们之所以能成功，并不仅仅因为具有与生俱来的天分，更因为他们有志气，有过人的胆识与气魄，以及坚持不懈的耐心。他们能够不断调整心态，不疾不徐地磨炼身心，无论什么时候，遇到怎样的困难，都能为了实现目标而秉持“磨”的精神。超凡的耐力总能帮助人们坦然面对生活中的各种磨难，进而走出困境。

熬得住艰辛，才能挺得起人生

战国时期有这样一位高人，他上知天文，下通地理，文韬武略无所不能。这个人收了两个徒弟：师兄是齐国人，师弟是魏国人。师兄弟二人一起学习，一起生活，经过师父的精心教导，多年后，兵法、韬略大有长进。这时，魏惠王招贤纳士的消息传来。师弟本是魏国人，看到报效国家的机会来了，决定下山应招。临别时，他向师兄保证，此行一旦顺利，马上引荐师兄下山，共成一番事业。师弟下山后很快就得到魏王的重用，被拜为军帅，指挥魏军东征西杀，屡建奇功，很快功成名就，但是始终有一件事让他耿耿于怀，那就是他的师兄。因为在他下山以后，师兄又跟师傅学了三年，而且师兄还有祖传的兵法，若他有一天下山来，便会成为自己的劲敌。

为了防患于未然，师弟思谋良久，心生一计。他入宫见魏王，对师兄的才能大加吹嘘，并自愿修书招他来为魏国效力。魏王大喜，立即让军师写信请他师兄到魏国共事，并且派了使者带着书信和重金前去相聘。师兄收到书信很感动，果然欣然而至，想助师弟成就大业。魏王见到本人后认为他才学不凡，想委以重任，便与军师商议。作为军师的师弟却推脱说师兄虽然学问了得，但是没有半点功劳，不如等有功时再行封赏，以服众心。魏王见他说得有理，就依此而行。

还未等到论功行赏，师弟就诬陷师兄卖国通敌，魏王信以为真，下令要处斩师兄。这时师弟假意求情，建议将处斩改为大刑，免去师兄一死。于是，师兄双腿的膝盖骨被残忍地挖掉，成了废人。师弟又假意把残废的师兄接到自己府中，殷勤照顾，并且要求师兄著书立传，将平生所学记录在木简之上，这样才不辜负师傅的受业之恩，师兄答应了。就在他开始写作后没多久，一名仆人看不下去，将实情告诉了他。师兄大吃一惊，他心里非常明白，兵书著成之时，就是自己身首异处之日。

师兄很清楚自己的处境，但以残废的身体无法和师弟正面对抗，所以他将计就计，在晚饭时，突然扑倒在地，口吐白沫，昏倒半日后方才清醒，一睁开眼便大哭大闹，将所写的竹书全部投入炉火中，书简尽数化为灰烬。看到师兄突然间疯疯癫癫，师弟自然认为有诈，便命人将其拖入猪圈。师兄随即与猪争食，即使师弟命人端来的酒饭，也被他打翻在地，又去抢猪食吃。师兄就这样整日以猪圈为家，又胡言乱语，时间一长，人们都说他真疯了。就连师弟也信以为真，渐渐地放松了警惕。

终于有一天，齐国大将田忌出使到魏国，见到猪圈里的师兄，非常同情他的遭遇，田忌知道他是难得的人才，于是秘密用车将师兄运到齐国。后来，师兄成为齐国的军师，率领齐军在庞陵之战中大败魏军。从那以后，师兄的才华得以充分施展。

这位师兄就是孙膑，中国古代伟大的军事家。孙膑一生不但受到身体上的折磨，而且遭到兄弟的残害，这在精神上对他是非常大的打击。身陷魏国的日子里，孙膑满腹才学得不到发挥，满腔愤怒无法发泄，甚至连最基本的生存都没法保障。但是，他并没有自暴自弃，熬过非一般人所能忍受的艰辛，终于等来了实现人生的机会。

“熬至滴水成珠，本身对人生来说，就是一个美妙景象，是一个美好的修炼过程。”这是作家池莉在散文集《熬至滴水成珠》中说的一句话，疼痛和诚挚中凝聚了她的痛苦、寻觅、沉吟、安宁和喜乐。的确，人生本就是不断修炼的过程，这修炼就是一种“熬”。璞要经过工匠的千雕万凿，才能成为价值连城的美玉；蛹要经过四次痛苦的蜕皮，才能成为翩翩起舞的飞蝶。渴望成功就不要畏惧“熬”的艰辛，熬得住艰辛，才能挺得起人生。

新东方创始人俞敏洪说：“伟大是熬出来的。别人需要五年做的事，我做十年；别人做十年的事，我做二十年。坚持下来，即便不成功，也无悔了。”平和的心态、坚忍的心性、成熟的心智皆是在“熬”中获得的。历经岁月酿造的老酒，才称得上历久弥香。历经“熬煮”的人生，才能经得起折腾、承得起风浪。

轰动网络的历史小说《明朝那些事儿》的作者石悦，在成名之前是个再普通不过的人：出生在平凡百姓家，性格偏内向，上学时成绩一直不好不坏，没有任何特长，一直被老师、同学视为资质平平的男孩。

石悦唯一与众不同的，就是对历史十分痴迷。当别的男孩子拿着变形金刚、仿真手枪玩得不亦乐乎的时候，石悦已经对历史故事情有独钟。一套《上下五千年》是他童年、少年时如影相随的“好伙伴”。进入大学，许多同学谈恋爱，玩网游，石悦仍把自己的课余时间全都交给史书。只要一有空，他就会扎进图书馆，如饥似渴地阅读着一本又一本厚重的史书。

大学毕业后，石悦考取了公务员。躲进史书，与各朝各代历史人物交友为伴的他，成了众人眼中的另类，甚至被大家认为有点儿孤僻。生活中，他不抽烟、不喝酒、不打麻将、不泡吧，也不爱交朋友，一点都不像“80后”的年轻人。下班后，他基本上没有任何休闲活动与社交应酬，常常将自己关在狭小的房间里，独自沉浸在那些刀光剑影、富贵浮云的历史往事中，或者奋笔疾书，记录一些有趣的历史故事。

突然有一天，一个题目叫“明朝那些事儿”的历史小说帖，在天涯论坛、新浪网站风靡，深受网友追捧，每月的阅读点击率超过百万。当很多出版商赶赴石悦的单位争相要和他签订出版合约时，他的同事方才知道这个平时毫不起眼、有点木讷内向的青年就是网络上大名鼎鼎的“当年明月”。

后来，有媒体记者向石悦讨教成功经验，石悦调侃道:“比我有才华的人，没有我努力；比我努力的人，没有我有才华；既比我有才华又比我努力的人，没有我能熬！”

凭着“熬”的韧性，二十年来潜心做了一件事，终于让五湖四海的人几乎在一夜之间承认了他——如此看来，石悦的回答何等恰切！二十年如一日地潜心“煎熬”，才换来今时今日的辉煌成就。

真正潜心做事的人都会有体会：成功是“熬”出来的。所谓“熬”，就是一个沉稳心性、聚精会神做事的过程和态度。一个“熬”字，包含漫长时光的付出、点滴琐碎的积累。“熬”字就是“难”字，就是“慢”字，就是“痛”字，就是“忍”字。明白这些转换，才能体会“熬”的无尽内涵。历经“熬煮”的人生，即便不成功，也诠释了最好的自己。

积蓄力量，静待时机

诸葛亮3岁丧母，8岁丧父，与姐弟一起跟随身为豫章太守的叔父诸葛玄，到豫章赴任。而不久后，东汉朝廷派朱皓取代了诸葛玄之职，其叔无奈，遂又去投奔故交——荆州牧刘表。

建安二年(197年)，诸葛玄病逝。诸葛亮和姐弟失去了生活依靠，便移居南阳。17岁的诸葛亮与友人徐庶等师从水镜先生司马徽。但看到刘表昏庸无能，并非命世之主，他于是结庐南阳卧龙岗隐居，被人称为“卧龙先生”。

这一隐，就是十年。其间，他广交江南名士，“每自比于管仲、乐毅”，爱唱《梁父吟》，结交庞德公、庞统、司马徽、黄承彦、石广元、崔州平、徐庶等名士。其智谋为大家所公认，有匡天下之志。他密切注意时局的发展，故对天下形势了如指掌。

终于，在建安十二年(207年)，诸葛亮27岁时，刘备三顾茅庐，得见诸葛亮，问一统天下之计。诸葛亮精辟地分析了当时的形势，提出先夺取荆、益作为根据地，对内改革政治，对外联合孙权，南抚夷越，西和诸戎，等待时机，两路出兵北伐，从而统一全国的战略思想。

刘备听了诸葛亮精辟透彻的分析，豁然开朗，深感他是难得的人才，于是恳切地拜请其出山。至此，诸葛亮终遇明主，结束了“卧龙十年”的隐居生活。后辅佐刘备匡扶天下，终成帝业。

诸葛亮隐于山林十数年，但他是真正如陶潜般陶醉于田园吗？显然不是，他是在等待时机，等待一个可遇而不可求的机会。他虽身居山林，却早已将世间姿态尽收眼底，终究等来“三顾茅庐”的明君。

科技的更新不能一步到位，成功也鲜少能一蹴而就。历史的经验告诉我们：要成为强者，除了要有坚定的意志，更要善于等待时机。楚庄王昏隐三年，越王勾践忍辱三年，每一个成功者都有一段低沉苦闷的日子，我们甚至可以想象他们为了生存而挣扎时的窘迫。然而，终究一鸣惊人，终究“三千越甲可吞吴”，这是忍辱负重的结果，更是善于等待的回报。

一鸣惊人的爆发，肯定要经过默默无闻的时期；豁然开朗的境界，必然要经过昏暗狭窄的路途；领略无限风光，也一定是在艰辛的攀登之后。等待的时机，是天时之机，是地利之机，是人和之机。等待并不是静止不动，而是不断蓄积力量。

在地中海东岸的沙漠中，生长着一种蒲公英。这种花不按季节开放，如果没有雨，它们一生一世都不开花；但是，只要有一场雨，无论何时落下，哪怕雨量再小、时间再短，它们都会抓住这一难得的机会，迅速张开自己的花瓣，并抢在雨水蒸发之前，完成受孕、结籽、传播等一系列过程。

附近的居民常将蒲公英作为礼物送给亲友，因为把它埋在花盆里，只要浇水就会开花。犹太人也有这样的习俗，他们常常把蒲公英赠送给拥有智慧而又暂时穷困的人。他们认为，在这个世界上，人们提升自己的机会就像沙漠里的雨水一样少，但是只要拥有沙漠蒲公英的品性，坚韧生长，默默等待，在机会来临时果敢地抓住，就一定能成为了不起的人。

有时，我们就如同沙漠里的蒲公英，转瞬即逝的机会就是沙漠里珍贵而又稀少的雨水。只有在每一个干旱恶劣的日子里默默积累力量，才能在得来不易的甘霖中舒展生命。能力不足、基础不稳时的“蓄势”，如同羽翼未丰的鹰一次次飞向矮墙，那是在为博击长空练就力量，一旦羽翼丰满，定能一飞冲天、振翅翱翔。

《红楼梦》中的贾雨村说：“玉在椟中求善价，钗于奁内待时飞。”他借此表达不甘于籍籍无名的现状，总希望有一日能飞黄腾达的豪情壮志。我们心怀一个目标，就要想方设法去达到。当遭遇困境无计可施时，不要一味鲁莽向前，不妨暂停下来，养精蓄锐也好，韬光养晦也罢，沉下心来看清前方的道路，莫让浮云遮住眼，静待时机的到来。

人生得意，切勿忘形

余秋雨先生曾评价明朝富商沈万三为“中国14世纪杰出的理财大师”，可见其商业才能。

当时，沈万三家有田产万顷，在四里八乡的城镇开设了诸多店铺，就连当时的首都南京，也一半是他修筑的。朱元璋定都南京后准备重修都城，可是由于连年战乱，国库十分空虚，皇帝没有那么多钱，只好向几个大户借钱。沈万三当仁不让，主动表示承担一半的钱粮开销。这原本是荣耀家族的好事，结果沈家与皇家的工程同时开工，沈万三竟先于皇帝完工，这让朱元璋心里多少有些不痛快。

修筑帝都三年后，沈万三又申请由自己“掏腰包”犒赏三军。军中每人银子一两，总共近百万两。看到这种情况，朱元璋更难受了，终于由妒生恨，怒道：“匹夫犒天子之军，乱民也，宜诛之。”朱元璋翻了脸，要不是马皇后求情，沈万三真要人头落地，最后还是被发配云南，没收亿万家产。

曾经的荣华富贵一下子变成过眼云烟，一贯养尊处优的他根本受不了云南的凄凉清苦。身体上的折磨，加上心理上的痛苦，不出三年，沈万三就在愤懑抑郁中死去。

商人出身的沈万三以为自己出了钱，帮了皇上的忙，就能名利双收。结果，自己的得意忘形，却招致了灾祸。

得意的人会不自觉地自我膨胀，觉得好像没有什么困难能难倒他，没有什么问题他解决不了。殊不知，得意之态就像一把开了刃的尖刀，随时可能伤害周围的人，也随时可能让自己受到意外的打击。因为它锋利，所以更加脆弱，折断可能只是瞬间的事。

我国自古就讲求中庸，失意时不能一蹶不振，得意时更不能忘形，要居安而思危。相比明朝富商沈万三，曾连续 13 年获世界首富称号的人应该是什么样子呢？他会不会同样不假思索地一掷千金呢？事实上不是的，他不仅为人类社会做出杰出的贡献，还给财富和财富的拥有者做出新的定义，他就是比尔·盖茨。

比尔·盖茨出生在美国西雅图的一个上层家庭，他是一名出色的学生，在高中时就曾断言自己会在 25 岁时成为亿万富翁。

盖茨的话确实应验了，1975 年他创办了微软，微软公司的一系列产品如今已覆盖全世界，只要有电脑的地方就有微软的产品。他是人类历史上第一个靠电脑软件积累亿万财富的先行者，也是有史以来最年轻的世界首富，1996 年他的财产已达160亿美元。

生活中的盖茨和普通人没什么两样，他与妻子美琳达很少去一些豪华餐馆就餐，偶尔因工作需要，他才不得不光顾一些高级餐厅。通常情况下，他们会选择常见的快餐店或是咖啡馆，有时也会一块光顾一些很有特色的小商店。

平时与员工相处，盖茨也完全不像个有钱人，他不喜欢什么事都与钱挂钩，有时出席会议，他会租一辆很普通的车前往会场。他通常坐飞机只坐经济舱，没有特殊情况，他绝不坐头等舱。在微软，比尔·盖茨已经成为每一个员工的榜样，他的作风感染了许多人。所以，微软员工的朴素也是很出名的。

比尔·盖茨的生活朴素而低调，这不是因为他小气吝啬，这些习惯体现的是他的价值观和工作作风。他在身体力行的同时，也在培养员工朴素低调的精神，这无疑是非常可贵的。

诚然，我们不能要求自己像古人所说的那样“无欲无求”，但也不能如李白所言的“人生得意须尽欢”。凡事有度，适可而止。得意可以，但切勿到忘形的地步。如今，人们的生活品质有了大幅度提升，诱惑也随之增多，心智品性更需要多加约束。以得意而不忘形作为处世的准则，矜持谦虚、不事张扬，这样的人才能站得更高、走得更远。

守住低处，方能抵达高处

画师正在练习画猛虎，他笔下的猛虎吊睛白额，栩栩如生。他的师父在一旁说：“你的画技可谓日渐精进，可惜阅历不够，作画终究落了下乘，到底是年轻人。”

画师不服气地说：“师父，人人看到我画的虎都说是神品，你怎么说我画得不好？”师父说：“我举个简单的例子，你这幅《猛虎扑敌》，画的是猛虎将要与对手作战，但你知道老虎要攻击对方，会先做什么吗？先要把头尽量低下，贴近地面，这样才能冲得更快。你看看你的画，老虎昂着头，哪里有要战斗的架势？”

画师听了，低下头说：“看来，不只虎要低头，做人也应该时时低头，请师父今后继续教诲我。”

人生是一个由低到高的过程，做事就像登山，需要从较低的地方一步步走到高的地方。当你到达一个较高的地方，想要攀登另一座山峰，仍然要先下山，再走高，“低”是必不可少的步骤。其实，低一点没什么不好，“低”是对自己的保护，是为了短暂的休息，保存耐力，以期达到更高的目标。

尼采曾说:“树之所以能长成参天大树，是因它把根深深地埋入了土里。”事物发展的规律总是循序渐进的，欲速则不达。脚踏实地地积累，才能获得真正的能力。正所谓：不积跬步，无以至千里；不积小流，又何以成江海呢？由低处开始，坚持了，努力了，就会形成执著的品性，而这种执著反过来又会给你带来巨大的能量。

美国著名作家马克·吐温曾接到一封刚从学校毕业的年轻人的信。信中说:“我刚刚走出校门，想到美国西部当一名新闻记者。无奈人地生疏，不知马克·吐温先生能否帮忙，替我推荐一份工作？”

马克·吐温在回信中为这个年轻人设计了求职“三步骤”：第一步，向报社提出不需要薪水，只是想找到一份工作锻炼自己；第二步，到任后努力去干，默默地做出成绩，然后再提出自己的要求；第三步，一旦成为有经验的业内人士，自然会有更好的职位等着你。

起初，不计报酬薪水可以说是最大程度的“低就”了，但却由此获得一个锻炼自己的平台，既可以从中获得经验与资历，又可以借此展现自己的能力和才华。对于现在刚刚走入社会的年轻人而言，不要漠视和放弃初始的“低就”。倘若不踏上这个锻炼自己的起点，有岗不上，有业不就，蹉跎岁月，“高成”永远只是可望而不可及的空中楼阁。

任何成功者都是由低处做起，从小事着手。为完成“高就”，就得把重心放低，天天有进步，月月有提升，年年有改变，人生才能有所突破。在恰当的时候“低就”，不是不思进取，更非懦弱和畏缩；相反，这是勇敢者才能做出的选择，守住人生的低处，“高成”便指日可待。

成功来自更多积极的努力

20世纪90年代初期，心理学家安德斯·埃里森和他的两名同事在柏林精英音乐学院完成一项“一万小时练习”的实验。在学院教授的帮助下，他们将学校的小提琴手分成三组：第一组明星云集，都是有潜力成为世界级演奏家的学生；第二组学生的演奏水平次之，仅仅是“好”；第三组学生都不像会成为职业演奏家的人，他们更可能在公立学校做音乐教师。所有的小提琴演奏者都被问到一个问题：从你第一次拿琴开始，在你的整个演奏生涯中，你一共练习了多少小时？

这些学生几乎是从5岁左右开始拉琴的。最初几年，每个人练习的时间大致相同，都是每周2—3小时。到8岁时，区别开始出现。那些如今显示出最有前途的学生，练习的时间比其他两组更多：9岁前每周6小时；12岁前每周8小时；14岁前每周16小时，不断累加；到了20岁时，每周练习30小时以上。事实上，到20岁时，出色的演奏者都已经练习了至少1万小时。与之形成对比，仅仅称得上"好"的学生，累计练习了8000小时；未来会成为音乐老师的孩子，累计练习了4000小时。

然后，埃里森和他的同事们比较了业余钢琴家和职业钢琴家的练习时长。同样的规则中，童年时期，业余钢琴家每周的练琴时间从未超过3小时，到20岁时，他们的累计练习时间是2000小时。与之形成对比的是，职业钢琴家稳步地提升每年的练琴时间，到了20岁时，和小提琴演奏者们一样，他们累计练习时间已经超过1万小时。

在埃里森的研究中，最让人震惊的是，他和同事们并没有发现任何"天赋"的踪影。比如，当同龄人都在苦哈哈地练琴时，某个音乐家已能毫不费力地达到很高水平。同时，他们揭示出：一旦一名音乐家拥有足够能力进入高级别的音乐学校，将一名演奏者和另一名演奏者区分开来的就是他的努力程度。事实正是如此，而且更加需要关注的是——那些顶尖的音乐家往往比常人努力数倍。

我们在现实生活中也可以找到这样的实例：没有所谓的天才，无论是莫扎特还是披头士的现场演出，他们都经过至少

一万小时的练习：

1960 年到 1962 年末，披头士到汉堡去了 5 次。第一次，他们演了 106 晚，每晚 5 小时以上。第二次，他们演出 92 场。第三次，他们演出 48 场，在台上待了 172 小时。最后两次汉堡之行在 1962 年 11 月和 12 月，一共演出了 90 小时。加起来，他们在一年半的时间内演出了 270 场。1964 年披头士一鸣惊人，那时他们大概现场演出了 12000 小时。

这个数字惊人之处在于：今天的很多乐队，整个职业生涯也没有演出过 12000 小时。

很多人一直认为成功和天赋有关。被人们称为“神通”“天才”的人，之所以取得非凡的成绩，是因为他们本身具有“天才属性”或“天才基因”。事实上，天才 98% 是由汗水换来的，不付出更多，那 2% 的灵感就将变得没有丝毫意义。

成功来自更多积极的努力。比尔·盖茨说过：“你能够使成功成为你生活中的组成部分，能够使昨日的理想成为今天的现实——但是靠愿望和祈祷是远远不够的，必须通过你付出更多的努力才能实现。”

成功的人比一般人更能吃苦，更加努力，更加勤奋。他们不是被动地等待别人分配任务，而是积极主动地寻找目标和任务；他们不是被动地适应各种新要求，而是主动研究、变革所处的环境，尽量提高质量并创造出更多有意义的成果。在这个过程中，他们汲取了更多的经验，同时获得了走向成功的力量。

第二章 胸藏甲兵，腹隐韬略：谋略上要沉得住气

有远大抱负者，必有卧薪尝胆、忍辱负重之势。在逆境中不莽撞盲目，沉得住气；在忍耐中抓住机遇，伺机而动，拥抱成功。唯有如此，才可能成就一番伟业。耐不住性子的人，终究踏不进成功的大门。

想要获得成功，必须懂得忍耐

春秋争霸时，越王勾践因不听贤臣良言，长刀相向，忍受亡国之痛时，方知悔恨。为了复国，他舍弃尊王之位，含垢忍辱，派文种携带美女宝器贿赂夫差的宠臣伯嚭，才使吴王夫差允许越国求和。随后，勾践带着妻子作为人质，来到吴国侍奉夫差。夫差出行，他为其当马夫，牵马坠蹬；夫差生病，他亲自送茶送饭，端屎端尿，甚至亲尝夫差的粪便。他终于赢得夫差的信任，被释放回国。

返回越国以后，勾践亲自探讨民间疾苦，与有才之士共商治国大计。为鞭策自己，他卧薪尝胆，过着贫苦百姓的生活。他励精图治，发奋图强，十年生聚，十年教训，终于使越国国

富民强。他后抓住稍纵即逝的机会，出兵攻打吴国，方报亡国辱君之痛，成其春秋霸主之名。

张公艺九世同居，只以忍为题目；张良忍辱下桥取履，终为帝王之师；韩信忍胯下之辱，统帅百万大军，终于拜将封王；刘备隐忍苟活，寄人篱下，终成帝王大业；司马懿忍辱负重，终挫诸葛亮之计谋。这些人虽然没有“万乘之尊”，但都能在对自己不利的形势下，含垢忍辱，忍常人所不能忍，终于取得常人未有的成就，名留后世。

或许你向往一帆风顺，可是却不得不面对曲折的人生。其实，所谓的一帆风顺不过是一种自我安慰，当你不愿成为命运的奴仆而又暂无扼住命运咽喉的能力时，切记学会忍耐。

商朝末年，商纣王建酒池肉林，设炮烙之刑，对内沉溺酒色、奢靡腐化，对外残忍暴虐、荼毒四海，使得民不聊生，国势日渐衰微。而生活在陕西渭水流域的周族首领姬昌（即周文王），广施仁德，礼贤下士，发展生产，深得人民拥戴。姬昌之势逐渐引起商纣王的疑心，于是他找了个借口将姬昌抓了起来，囚禁在当时的国家监狱羑里。当时的姬昌已是 82 岁的老人了，这一关就是 7 年。

其间，纣王以种种野蛮手段对其进行侮辱和折磨，最为恶毒的是将其长子杀害后做成肉羹逼其吞食。相传，文王长子伯邑考非常孝顺，在父亲被囚禁后非常担心父亲的安危，于是不顾一切来到殷都，恳求纣王释放年迈的父亲，不曾想却被纣王扣为人质。这时，姬昌善卦人的事已被纣王得知，为了检验姬昌算卦是否准确，纣王想出残忍的一招，将伯邑考残忍地杀害后烹成肉羹，派人送给姬昌吃。

姬昌看到肉汤，知道这是爱子的血肉，也很清楚这是纣王对他的试探，如果不吃，必定会引起纣王的猜疑。于是，他强忍悲痛，装作若无其事的样子把肉汤喝了。纣王听了汇报，自鸣得意地对手下人说："谁说姬昌是圣人？喝自己儿子的肉煮成的汤都不知道！"从此，他便放松了对姬昌的警惕。

在被囚羑里城的7年岁月里，姬昌潜心研究，发奋治学，将伏羲八卦推演为64卦384爻，完成《周易》这部千古不朽的著作。在回到自己的领地后，他暗中招兵买马，扩充势力，准备与纣王对抗。后姬昌的儿子姬发（即周武王）继承了父亲的遗志，礼贤下士，拜姜子牙为军师，率兵讨伐，与纣王军队激战于商郊牧野，终究使得纣王大败无路，纵火自焚。自此，姬发推翻了暴政，建立了周朝，开创了历史上的盛世之基。周文王、周武王也因此成为历史上的贤明之君，被后世景仰。

宋代苏轼在《留侯论》中说："古之所谓豪杰之士者，必有过人之节，人情有所不能忍者。匹夫见辱，拔剑而起，挺身而斗，此不足为勇也。天下有大勇者，卒然临之而不惊，无故加之而不怒。”意思是说，古时候能被称为豪杰志士的人，必然有高于他人的情操，有胜过他人的度量。有勇无谋的人被侮辱会拔剑而起，上前搏斗，这称不上勇士。遇到意外不慌张，受到毫无缘由的侮辱也不愤怒，这才是真正的豪杰气概。

能忍常人所不能忍，需要大见识、大度量、大胸襟、大气魄。那些缺乏胸襟气度、目光短浅的人只能成为有勇无谋的莽夫，以血的教训成为他人借鉴的对象。

鹬蚌相争，渔翁得利

三国时期，官渡战败后，袁绍耿耿于怀，终积郁成疾，于建安七年（202年）呕血而死。其实，袁氏集团仍有很强的实力，但袁绍的几个儿子却不能同心协力，共继父业，而是忙着各自扩充实力。其中，以袁尚、袁谭之间的矛盾最为激烈。

与此同时，曹操让军队先休整了一段时日，然后利用袁尚、袁谭之间冲突加剧的机会，渡过黄河，北上征伐。建安七年（202年）九月，曹军攻打屯兵黎阳的袁谭，谭无力抵抗，情急之下，只好向袁尚告急求援。袁尚欲分兵助兄，又怕袁谭借兵不还；但若坐视不管，又怕黎阳有失而于己不利，只好让审配守鄴城，自己亲率大军救援黎阳。次年二月，两军大战于黎阳城下。结果，袁谭、袁尚、袁熙、高斡（袁绍外甥）全部大败，放弃黎阳，退保邺城。曹操占据了冀州的重要门户黎阳，为进一步消灭袁氏集团创造了有利条件。

屡战屡捷之下，曹军诸将都请战乘胜追击，一举拿下邺城。唯独郭嘉在大家的兴头上，出人意料地提出停止攻击、南征刘表的方案。众人对此迷惑不已：当年下邳攻打吕布时，就是采用了郭嘉的急攻战术，在敌人人困马乏的情况下，围攻两月，终于擒杀吕布。现在二袁已露败相，只要围住邺城，奋力强攻，破城指日可待。此时撤军而调头南下，远征刘表，岂不是给了二袁以喘息的机会？

对此，郭嘉自有他的独到见解，他很有把握地解释道："袁绍生前最喜爱这两个儿子，究竟立谁继业，一直没有定下来。有郭图、逢纪这分属两派的人做谋臣，肯定会让他们兄弟二人内争不断，最终相互分离，反目成仇。此时如果攻势过猛，他们一定会团结一致对付我们；假若暂缓进攻，他们就会为争权夺利而自相残杀。所以，我们不如掉头向南，假装去荆州讨伐刘表，以观其变。等到他们内部发生变乱后，我们再出兵击之，便能一举平定河北了。"

听了郭嘉的解析，众人连声称赞，曹操欣然采纳。建安八年（203 年）八月，曹操下令南征刘表。南下退军后，曹操留下贾信守黎阳，曹洪守官渡，自己回许昌，一路南下，摆出进攻刘表的姿态。此时的曹操虽然挥师南下，却是一步三顾，时刻注意着二袁的动静。当曹军率军开拔到西平（今河南西平县西）时，便接到袁谭派辛毗前来请求投降的消息。

原来，事态正如郭嘉所料。曹军南撤后，胆战心惊的袁谭、袁尚可谓大喜过望。紧接着，兄弟二人便开始了对冀州的争夺。因为军队装备之争，袁谭在部下的挑唆下，领兵攻打袁尚，结果大败而归，只得逃到平原（今山东平原南）。而袁尚又领兵追踪而至，四面合围而打。袁谭眼看城破将损，一时间无计可施，只好听从郭图的建议，派辛评的弟弟辛毗向曹操投降并求援。

曹操见二袁果然火并，心中万分高兴。在一番恩威并施的试探后，应允袁谭的求降，并立即出兵救援。为了进一步拉拢袁谭，于同年（203年）十月，曹操赶到黎阳，与袁谭结成儿女亲家。袁尚得知曹军北渡黄河，急忙放弃围攻平原，退回邺城。

建安九年（204年）二月，袁尚又出兵攻袁谭，留下苏由、审配守邺城。曹操乘机出兵，进军至洹水时，苏由率部降操。如此，守成二将中，一将已破。曹军直捣邺城，审配坚守不出。曹操让曹洪继续攻城，而自己统军扫清外围，并在邺城周围挖了一条长40里，深宽各2丈的壕沟，引漳水灌入沟中，将城围住。城内给养不足，饿死大半。此时，袁尚不得不率主力部队回撤，救援邺城。却不曾料到，途中又遭曹军伏击，袁尚只得仓皇逃至岐山，后至中山。最后，由于曹军一路追击，袁尚竟率残部逃亡幽州，依附次兄袁熙去了。同年（204年）八月，审配的侄子审荣在一夜守城时大开城门，迎接曹军入城。邺城遂破，审配亦被处死。

在曹操攻打袁尚时，袁谭趁袁尚回撤得以喘息，并攻掠了河北诸多地区。但谁知曹操攻占邺城后，继续挥戈北进，转而进攻袁谭。袁谭初战不利，便退保南皮(今河北南皮县东北)。建安十年（205年）正月，曹军冒着严寒进击，一举攻克南皮，处死了袁谭、郭图。冀、青二州皆为曹操占据。随后，曹操再次北上进击幽州的袁熙、袁尚。二人早已成惊弓之鸟，闻风逃奔至辽西乌桓。这样，幽州也就落入曹操之手。郭嘉精心谋画的巧平二袁之计，至此已经全部实现。

郭嘉此计，可谓“鹬蚌相争，渔翁得利”的典型。若当时乘胜追击二袁，以曹操的实力，似乎也能取得成功，但强攻硬拼，必然要付出很大代价。对于袁氏集团而言，由于曹操大兵压境，内争已退居次要地位，也就是说，袁、曹集团之间的矛盾，已冲淡或暂时压住了袁氏内部的矛盾，他们必会“困兽犹斗”，正所谓“一人拼命，万夫莫当”。而曹操此时恰恰采纳了郭嘉的建议，停止进攻，主动退出，使曹、袁矛盾暂时淡化，让袁氏内部矛盾激化，给二袁创造一个自相残杀的时机和环境。借敌人之手削弱敌人的实力，从而坐收渔人之利，这实在是一条统观全局的奇谋妙计。

“鹬蚌相争，渔翁得利”，这一谋略就是充分利用对方的内部矛盾攻破对方。这要求人们首先对事物的发展趋势有一个正确的判断，对双方乃至多方的情况必须了然于胸。然后抽身而出，不仅避免了鱼龙混杂的消耗，还可享受到非一人之力可取得的成果。把对方二者的争执之力合二为一，沉住气，待双方全部消耗殆尽时，自然有现成的收获。

电视剧《潜伏》也充分展示了作壁上观的谋略。

李涯的锋芒毕露，让他头破血流；陆桥山的妒贤嫉能，让他被李涯反咬一口；马奎不懂伸缩，更是引人误会。而余则成却与他们相安无事，这正是忍让的结果，他为了自己的目标，宁愿先受苦，最终苦尽甘来。他利用陆桥山、李涯的鹬蚌相争，尽收渔翁之利，成功坐上副站长之位。

余则成的成长让我们知道，为人应涵大志于沉隐中，时刻不混淆于眼前利益而迷失大局。鹬蚌相争，抽身而出；一方既失，纵身而动；此乃作壁上观，以收渔翁之利者。

古今中外，但凡取得辉煌成就之人大多有一个共同的特征：不仅目标明确，而且胸怀大局意识，不计小利。在追求人生终极目标的过程中，许多小目标必然先会达成，我们会不时遇到各种小利小成，此时更应该以长远的眼光来看待。是争一时还是争一世，你要对此理性取舍。

软硬兼施，恩威并用

清朝名臣曾国藩手下有一员悍将，名叫陈国瑞。此人原是蒙古王爷僧格林沁的手下大将。他从未读过书，更不懂得礼仪修养，一张口便是粗话连篇；他想干的事，任天塌下来也要办成。

陈国瑞十五岁时，在家乡湖北应城投了太平军，后来又投降清军，几经辗转被收在僧格林沁部下。据说，他异常骁勇，打仗时，炮弹击碎了手中的酒杯，他不但不避，反而抓起椅子，端坐在营房外，高叫“向我开炮”，使得手下非常敬畏。

要说粗鲁莽撞，僧格林泌比他有过之而无不及。传说，僧王是个暴虐、狂躁、喜怒无常之人，听手下汇报战况也要到处走动。赞赏时，不是割一大块肉塞进对方嘴里，就是端一大碗酒强迫别人喝下去。发怒时，则用鞭子抽打或冲过去拧脸扯辫子，搞得很多人难以接受。只有陈国瑞不怕这僧王，他是打心眼儿里佩服僧格林沁。

僧王死后，曾国藩接替剿匪事宜，与陈国瑞的军队打上了交道。在处理陈国瑞与刘铭任所统率的两军械斗事宜时，曾国藩感到，只有让陈国瑞对自己心服口服，他才有可能在今后真正为己所用。

于是，曾国藩拿定注意，先以凛然不可侵犯的正气打击陈国瑞的嚣张气焰，继而历数他的劣迹暴行，使他知道自己的过错。曾国藩的措辞异常严厉，使得陈国瑞有些灰心丧气。这时，曾国藩话锋一转，又表扬他勇敢、不好色、不贪财等优点，说他是个大有前途的将才，切不可因莽撞而自毁前程。这使陈国瑞又振奋起来。紧接着，曾国藩坐到他面前，语重心长地教导他，还亲自为他订下了不扰民、不私斗、不违令三条规矩。一番话说得陈国瑞心服口服，无言可辩，只得唯唯退出。

但是，仅靠这一次谈话是很难使陈国瑞的莽性彻底转变的。果然，他一回营就将曾国藩所下的命令弃之脑后。

看到“软力量”的作用不大，曾国藩马上请道圣旨，撤去陈国瑞帮办军务之职，剥去黄马褂，责令其戴罪立功，以观后效，并且警告他再不听令就要撤职查办，发往军台效力。陈国瑞一想到那无酒无肉、无权无势的生活，立即表示唯曾大人是从，率领部队开往指定地点。

面对陈国瑞这个刺头，曾国藩既没有表现得过分妥协、软弱，也没有一味地强硬和固执，而是在软硬之间交替使用，可谓恩威并施。如此，才能让陈国瑞服得彻底，免除了日后之患。

与人交往，软与硬是相辅相成、兼而有之的。为人太软，会给人以无能的印象；为人太硬，则给人以好勇斗狠的不良印象。唯有拿捏好分寸，才能更有效地开展工作。在日常生活中，情况时时可能发生变化，面对的人也性情脾性各有不同，所以在“软硬兼顾，恩威并施”时，要注意随机应变，灵活施展。

三国时期，为了催讨荆州，东吴先后四次派鲁肃和诸葛瑾前往刘备处。诸葛亮软硬交替，或强或弱，四次挡回了来使，从而占据了荆州。

赤壁之战后，曹操北还，留大将曹仁守南郡，夏侯敦守襄阳。此时，东吴周瑜领兵去争夺南郡，数次恶战之后，赶走了曹仁和夏侯敦。在周、曹交战中，刘备趁机夺取了南郡和襄阳。周瑜愤怒异常，正待兴兵，鲁肃拦住，请命去和刘备谈判归还之事，若不成，再打不迟。

鲁肃到南郡拜见了刘备，说明来意后，军师孔明开场就义正言辞地说道：“常言道：物必归主。荆襄九郡，非东吴之地，乃刘景升之基业。吾主固景升之弟也。景升虽亡，其子尚在；以叔辅侄，而取荆州，有何不可？”随后，竟请出公子刘琦，以正视听。鲁肃无奈，最后只得达成“若公子不在，须将城池还我东吴”的协议。

后刘琦病死，刘备也攻下了荆州南部的四个郡。鲁肃第二次来催还讨债。刘备和诸葛亮把鲁肃迎进帐内，只以酒相待，却一直不提荆州一事。鲁肃强饮数杯，又开口相问。

此时诸葛亮突然变色道：“子敬好不通情理，直须待人开口！自我高皇帝斩蛇起义，开基立业，传至于今；不幸奸雄并起，各据一方；少不得天道，复归正统。我主人乃中山靖王之后，孝景皇帝玄孙，今皇上之叔，岂不可分茅裂土？况刘景升乃我主之兄，弟承兄业，有何不顺？汝主乃钱塘小吏之子，素无功德于朝廷；今倚势力，占据六郡八十一州，尚自贪心不足，而欲并吞汉土。刘氏天下，我主姓刘倒无份，汝主姓孙反要强争？且赤壁之战，我主多付勤劳，众将均用死命，岂独是汝东吴之为？若非我借东南风，周郎安能展半筹之功？江南一破，休说二乔置于铜雀宫，虽公等家小，亦不能保。适来我主人不即答应者，以子敬乃高明之士，不待细说。何公不察之甚也！”

一席话说得鲁子敬缄口无言，他半晌才喃喃自语道：“昔日皇叔当阳受难时，是肃引孔明渡江，见我主公；后来周公瑾要兴兵取荆州，又是肃挡住；至说待公子去世还荆州，又是肃担承：今却不应前言，教鲁肃如何回复？我主与周公瑾必然见罪。肃死不恨，只恐惹恼东吴，兴动干戈，皇叔亦不能安坐荆州，空为天下耻笑耳。”

诸葛亮遂话锋一转，赔笑道：“素知子敬乃仁义厚德之人，可现中原急未可图；西川刘璋暗弱，我主将图之。若图得西川，那时便还。”

无奈，子敬只好立了一纸文书，相约“得西川，还荆州”，签字画押后，悻悻而归。

临走时，诸葛亮又嘱托鲁肃：“子敬回见吴侯，须善言伸意，休生妄想。若不准我文书，我翻了面皮，连八十一州都夺了。今只要两家和气，休教曹贼笑话。”

鲁肃第三次来催讨时，孙权的妹妹早嫁给了刘备，刘备已成了江东的女婿。鲁肃说看在两家结亲之面上应早早归还交付，刚一开口，刘备就掩面而泣，好不伤心。鲁肃一时不明就里，慌了手脚。此时，诸葛亮从屏风后走出，说：“子敬可知我主人何故而泣？当初我主借荆州时，许诺取得西川便还。仔细想来，益州刘璋是我主人之弟，都是汉朝骨肉，若要兴兵去取他城池，恐被外人唾骂；倘若不取，还了荆州，何处安身？若不还时，于尊舅面上又着实难看。事实两难，因此泪断肝肠。”

诸葛亮说罢，触动玄德衷肠，他捶胸顿足，放声大哭。

鲁肃劝道：“皇叔且休烦恼，与孔明军师从长计议。”

诸葛亮顺势道：“有烦子敬，回见吴侯，勿惜一言之劳，将此烦恼情节，恳告吴侯，再容几时。”

鲁肃是个宽仁长者，见玄德如此哀痛，只得应允。

第四次谈判来的是东吴帐下的诸葛瑾，他是诸葛亮之兄。无疑，这次东吴想利用亲情威逼。但是，诸葛亮与刘备已事先约好。首先，刘备看了孙权手书，怒斥道：“孙权既以妹嫁我，却乘我不在荆州，竟将妻潜地取去，情理难容！我正要大起川兵，杀下江南，报我之恨，却还想来索荆州乎！”

诸葛亮又哭拜于地，以示诸葛瑾：“吴侯执下亮兄长老小，倘若不还，吾兄将全家被戮。兄死，亮岂能独生？望主公看亮之面，将荆州还了东吴，全亮兄弟之情！”

刘备再三不肯，孔明只是哭求。半晌，刘备才徐徐道:“既如此，看军师面，分荆州一半还之：将长沙、零陵、桂阳三郡与他。”

诸葛亮遂请刘备手书与关羽，令其交割三郡，且嘱托“云长性如烈火，切宜仔细”。

果然，诸葛瑾执手书付荆州，关羽闻听来意后，顿时变色道:“吾与吾兄桃园结义，誓共匡扶汉室。荆州本大汉疆土，岂得妄以尺寸与人？将在外，君命有所不受。虽吾兄有书来，我却只不还。”

诸葛瑾有意借军师诸葛亮之面再言，关羽喝斥道:“休再言！不看军师面上，教你回不得吴！”

诸葛瑾满面羞怒，急辞下船，再往西川见诸葛亮。谁知，他已自出巡去了。诸葛瑾只得再见刘备，哭告云长欲杀之事。刘备这时方说:“吾弟性急，极难与言。子瑜可暂回，容吾取了东川、汉中诸郡，调云长往守之，那时方得交付荆州。”

至此，四次催讨均已化解。从“公子死，还荆州”，到“得西川，还荆州”，以至“取汉中，还荆州”，诸葛亮巧妙地运用软硬兼施的技巧，达到长期占据荆州的战略目的。

电视剧《三国演义》里可谓把诸葛亮软硬兼施“借荆州”表现得淋漓尽致，对这一手段的运用，诸葛亮真称得上是炉火

纯青。软与硬，作为一种策略，无论何时何地都不可偏废。从理论上讲，软，体现了友善、涵养和通情达理；硬，则显示尊严、原则和力量。只有软硬得当，才能更好地储蓄力量，以待厚积薄发。

抓住机遇，顺势而为

法国化学博士别涅迪克在一次实验时，不慎碰掉了一个烧瓶。令别他惊奇的是，烧瓶掉在地上却裂而不碎。他对此非常好奇，但又一时找不到答案，就将烧瓶贴上标签，注明问题，保存起来。

一天，他偶然看见一则报道说，有两辆客车相撞，司机和乘客都被挡风玻璃的碎片划伤，这让他立刻联想到那个烧瓶。经过化验，别涅迪克发现那个烧瓶曾盛过硝酸纤维素溶液，这种溶液蒸发后会留下一层无色透明的薄膜，牢牢地粘附在瓶壁上，起到保护作用，使烧瓶不易破碎。

“如果将这种溶液用到汽车玻璃上，车里的人不是更安全吗？”

想到这，他将上次化验烧瓶的实验延伸下去，一鼓作气，终于提炼出这种可以用在汽车玻璃上的溶液。这个意外发现也让别涅迪克博士获得20世纪法国科学突出贡献奖。

我们生活在一个充满机遇的时代，但机遇又是可遇不可求的。常言道“机遇是给有准备的人的”，在它没有来临之前，我们不必急躁，反而要更加积极努力，蓄势待发。每一次机遇的到来，都是一次严峻的考验。它不仅需要我们有充足的知识储备和能力储备，还需要我们拿出拼搏和创新的魄力。如果我们平常能敏锐地察觉机遇，培养敢为天下先的创新意识和勇气，准确把握时机，那么就会获得事业上的成功。

曲直并用，学会转变

1216年，成吉思汗召见汉族降将郭宝玉，询问一统天下之策。郭答曰：“中原势大，不可忽也。西南诸藩，勇旱可用，宜先取之，借以图金，必得志焉。”

郭氏这番论述对成吉思汗影响深远。成吉思汗在临终前，提出利用南宋与金之间的世仇，借道宋境，实施战略大迂回，从而一举灭金灭宋的战略决策。后蒙古攻打南宋，受阻襄阳，于是经青海，下金沙江，攻吐蕃，灭大理，经云南，出湖南，迂回万里，历时数年，声势及消耗都可谓空前。最终，这一计划由成吉思汗之子孙窝阔台、拖雷、忽必烈等完成。

针对成吉思汗的战略思想，后世军事家总结出：大迂回，就是进攻部队避开敌方整个防御体系，向敌之侧翼或后方实施远距离机动，从而形成合围态势的作战行动，是战略追击的最高阶段。这一思想被世界所公认。瑞士军事家若米尼就曾指出，一些伟大的军事统帅在战争中取得胜利的秘密就在于，善于“集中他的主力，迂回攻击敌人的一翼”。他确信，如果在战略上采用这一原则，“那就发现了全部战争科学的钥匙”。

《孙子兵法》曾云：“先知迂直之计者胜。”曲中有直，直中有曲，这是辩证法的真谛。山谷凹陷，进而起伏出峰顶；困难打击，进而磨砺出胜利。退一步，进两步，沿着螺旋式轨迹上升，步子才稳健。诚然，两点之间直线最短，但在有些情况下，近成了真正的远，远却变为实际的近。行事时，既要结合个体的努力程度，更要结合环境的优劣整体而论。不要凡事都幻想着走直线，在迂直问题上要学会转换角度。

青年在美国一所著名大学的计算机系留学深造。博士毕业后，他想在美国找一份理想的工作。可是，由于起点高、要求高，连续试了好几家大公司，他都没有被录用。思来想去，他决定收起自己的学位证明，以低身份求职。不久，他就被一家大企业聘为程序录入员。

程序录入员的工作对他来说是小菜一碟，但他仍一丝不苟地工作。不久，领导发现他能看出程序中的错误，非一般的程序录入员可比。这时，他亮出了学士证，领导给他换了对口的工作。

又过了一段时间，领导发觉在这个工作岗位上，他还是比别人做得优秀，就约他详谈。此时，他才拿出了博士证。由于领导对他的水平已经有了全面的认识，就毫不犹豫地重用了他。

在生活和工作中，有许多问题很难用直接求解的方法得出答案，这时就需要转换方式，从侧面迂回解决。有两个关于绘画的著名故事也从侧面论证了迂回的巧妙之处。

一个是“踏花归去马蹄香”：马踩踏了花后，马蹄是香的。但要用画面去表现嗅觉的感受，确实困难，许多画家都束手无策。一位画家采用迂回思维的方法，不去正面表现花香，而是画了几只蝴蝶，追逐马蹄而飞翔。如此，马蹄的香味，一下就可闻可感了。

另一个是“蛙鸣十里出山泉”，这是齐白石的一幅画：蛙声鸣唱，直接用画面怎能表达出听觉？于是，齐白石在一泓山泉中画了几只灵动的蝌蚪，仿佛在侧耳聆听那静中有动的声音。蛙鸣十里的场景，瞬间便凸显出来了。

可见，迂回思维在任何创造性的劳动中都能取得出奇制胜的效果。只知道直来直去，不懂得侧面迂回的人，往往会碰得头破血流；即使最终强取而得，也耗费了超出常规几倍的资源。如此，我们不妨转换思维方式，充分认识当前局势，分析对比，审时度势。直走不通，绕道而行，最终大多能脱离困境，取得成功。

知己知彼，才能百战百胜

提起第二次世界大战期间日本偷袭美国海军基地珍珠港，就不能不说到山本五十六。

山本曾多次赴美，或求学或考察或任职，对美国的经济和军事潜力有着极为深刻的了解。起初，他是日本海军中坚定的反战派人士，竭力反对与美国开战，甚至因此遭到激进少壮派的暗杀。但是，山本绝不是和平主义者，他所反对的只不过是与强大的英美开战，因为他曾准确地预测到日本即使通过偷袭珍珠港而重创美军太平洋舰队，也只不过能保持一年到一年半的优势。

但是，山本仍然在扩充海军航空兵的实力，使之成为日本海军在战争中最具打击力的利器。当日本高层确定了与英美开战的战略方针后，他便一改初衷，竭尽全力策划组织对美国的作战方针。而在所有削弱美军实力、毁灭其打击能力的战略中，第一步，山本就决定要对美国太平洋舰队进行突袭。

首先，山本对日本海军的情况有着清醒的认识。日本海军传统的战略是在马绍尔群岛以北、马里亚纳群岛以西，与美军太平洋舰队进行以战列舰为主力的舰队决战。但山本在多次海上演习、图上演练和兵棋作业中感觉到，这种战略很难一举歼灭美军舰队，而战争一旦旷日持久，以美国强大的经济实力和军事力量，日本想要取得胜利，是不可能的。基于此，他极力主张在战争开始之初就以先发制人的偷袭一举消灭美军太平洋舰队主力，随后不断组织进攻，削弱美军，不给美军积蓄力量的时机，从而争取体面的停战。

一方面，针对珍珠港水深仅10—12米的地形特点，鱼雷机飞行员集中在地形近似珍珠港的鹿儿岛的樱岛训练时，投雷高度从1000米逐渐下降，最后一直降低到20米。日军完全模拟实战，接近港湾后先降低高度，以50米高度在峡谷中曲折穿行，一飞到海面就降低到20米，并立即向目标发射鱼雷。整个攻击动作反复进行演练，动作要领已经被飞行员牢记在心。

俯冲轰炸机和战斗机飞行员也进行了针对性训练，都达到训练要求。为了在空袭中取得更好的效果，还对所有飞行员进行了对美军舰艇的强化识别训练。

1941年9月，联合舰队在海军大学举行了图上作业演习。

11月上旬，所有参加突袭作战的舰艇，完全按照突袭计划，以集结在佐伯湾的联合舰队主力战列舰为目标，连续进行三次综合攻击演习，作为战前训练的检验。山本通过这些演习认为攻击效果良好，已经达到训练目的。参战部队总结演习经验，返回各自基地，进行最后的出发准备。

11月23日，所有参战舰艇的舰长和飞行军官，一起研讨作战方案中的关键问题。

11月24日，所有飞行员在珍珠港的沙盘模型上明确各自的任务。

为了做到知己知彼，日军在积极模拟备战的同时，在搜集美军情报上也下了很大功夫。1941年5月后，派到珍珠港的日本间谍多达200人，从各方面搜集珍珠港的天气、水文、地形和美军基地、飞机、舰艇的部署等情报。同时，为了确保偷袭的突然性，日军还“以和谈作为掩护”，举行代号为“关特演”的大规模演习，“制造进攻苏联的假象”等一系列战略欺骗和伪装。

敌我双方的力量已被日军反复揣摩了数遍，终于在1941年12月7日凌晨，日本的突击编队经过12天约6600千米的航程，顺利抵达珍珠港以北约420千米的预定海域，随时待命。

后来的情况自不必说。珍珠港一战，美军被轮番轰炸，损失惨重。日本偷袭美国珍珠港的成功，就是在充分“知彼知己”的基础上大胆创构、全面准备的结果。但不可否认的是，山本五十六具备再强的军事能力，也改变不了他有违世界和平主义的罪行。

《孙子·谋攻篇》中说："知己知彼，百战不殆；不知彼而知己，一胜一负；不知彼，不知己，每战必殆。"也就是说，在军事战争中，既了解敌人，又了解自己，百战都不会失败；不了解敌人而只了解自己，胜败的可能性各占一半；既不了解敌人，也不了解自己，那只有每战必败的结果。

《孙子兵法》全文5913字，其中"知"这一字就多达79处，可见孙武对"知"的重视程度。而其中"知彼知己，百战不殆"这句千古名言，更是得到古今中外众多军事家的推崇。孟子曰："审知彼己强弱利害之势，虽百战实无危殆也。"毛泽东在《论持久战》中说："但战争不是神物，仍是世间的一种必然运动，因此《孙子》的规律'知彼知己，百战不殆'，仍是科学的真理。"

美国《华尔街日报》有一篇文章这样写道："没有别人比妈妈更了解你，可是，她知道你有几条短裤吗？然而，乔基国际调查公司知道！妈妈知道你往一杯水里放了多少冰块吗？可是，可口可乐公司知道！

为了在经营管理上真正做到"知己知彼"，国外的一些公司对消费者有关情况的了解，竟然超过母亲对儿女的了解。而且，有的甚至连消费者本人都不曾注意到的情况，他们却了解得一清二楚。

麦当劳公司通过市场调查准确获知：在某个国家，每人每年平均吃掉156个汉堡包、95个热狗；可口可乐公司经过深入了解后发现，人们在每杯水中平均放3.2块冰块，每人平均每年看到该公司的69条广告；而汉宝公司更是妙绝，它曾经秘密地调查过，消费者在使用卫生纸时是叠起来用还是折起来用，连各自的比例是多少都有记录。

从商业经营管理的角度来说，所谓“己”，主要是指经营者自身所具备的各种要素，这些因素是全方位的，它涵盖了经营管理的每一环节。所谓“彼”，从广义的角度来说，所有的外在条件都属于“彼”的范畴，包括竞争对手。从狭义的角度来说，“彼”又可以特指经营管理的对象，即已有的客户和目标消费者。

不管是战场还是商场，“知己知彼”都被作为一种智慧的策略，广为世人推崇。对于我们日常生活中的普通人，“知己知彼”更侧重于洞悉自己和他人的性格特征与生活习惯，做到心中有数，进而更好地与他人和谐共处。

经得起嘲笑，成就大胸怀

一群青蛙在高塔下玩耍，其中一只青蛙建议：“我们一起爬到塔尖上去玩吧。”众青蛙都表示赞同，于是它们朝着塔尖爬去。

爬着爬着，有只平时很聪明的青蛙说：“我们这是干嘛呢，又干渴又劳累，费劲爬它有什么用！”大家都觉得它说得有理。于是，一只青蛙停了下来，三只青蛙停了下来，五只，十只，慢慢地，多数青蛙停了下来。

只剩下一只最小的青蛙还在缓慢地坚持着。它不管其他青蛙在下面怎样鼓鼓噪噪地嘲笑，仍坚持不懈地向塔尖爬去。过了很长时间，它终于爬到塔的最高处。这时，所有的青蛙都不再嘲笑它了，而是在内心暗暗佩服。

这则寓言最后说：原来，小青蛙是个聋子！它根本就听不见其他青蛙的议论和嘲笑。那么，假如小青蛙不是聋子，可以像其他青蛙一样听到别人的议论，它还会冒着干渴和劳累，在别人的嘲笑声里，安然如初地坚持自己的目标吗？

日常生活中，我们常常会遇到被别人嘲笑的情况：不善于逢迎往来，别人会笑你不识时务；不擅长交际辞令，别人会笑你愚讷呆笨；不会“变通”，别人可能会笑你“直肠子一个”……在这样那样的嘲笑面前，一些人变得“聪敏”了，逐渐消磨了棱角，失去了锐气，泯灭了激情，最后淹没在由无数“聪明人”汇成的世界里终老一生。

与此相反，有些人能够以内心的定力和执着，在别人的嘲笑声中安然自若，甚至用微笑化解嘲笑。他们外观于天地，内观于自心，为了把心中那片肥沃的土地耕耘得鲜花灿烂、硕果斐然而矢志不移。这样的人有能力把嘲笑变成赞歌。

古代高僧寒山问另一位高僧拾得：“世间谤我，贱我，欺我，辱我，笑我，轻我，恶我，骗我，如何处治乎？”拾得答曰：“只是忍他，让他，由他，避他，耐他，敬他，不要理他，再待几年，你且看他。”这种处事心态，既不明争，也不暗斗，以敬化辱，以笑化讽。也只有如此沉着，才能成就博大的胸怀。

30 多岁的安德鲁·戈登是一名普通的英国人。一个偶然的机会，戈登发现酒吧的桌子下面垫着几张餐巾纸，这不禁引起他的好奇。戈登仔细观察后发现，原来并不是每个桌子脚与地面接触的部位都很吻合，为了保证桌子不摇摆，服务生只好在桌脚下面垫了几张餐巾纸。

戈登觉得这是件很有意思的事，他由此受到启发，开始构思一种用来平稳桌腿的小装置。后来，戈登将他的小装置进行了改进，并将其命名为“桌子防摇器”。事实上，这个装置很简单，仅由8片塑料制成，可根据桌子的摇摆程度进行调整，进而对桌脚起到固定作用。同时，这一装置还可以用来固定书柜、花架、床铺等一系列器皿和家具。

2005年，戈登兴奋地报名参加了英国广播公司（BBC）商业台的创意商机节目。当戈登拿着他的装置，向评委们解释这一独特的发明时，评委席上发出一阵善意的笑声。节目主持人说，这是他听到的最荒诞的想法，甚至有人戏谑地把这一创意称为“世上最可笑的发明”。

面对几乎所有人的冷嘲热讽，戈登没有愤怒。虽然他觉得在大庭广众之下被嘲笑是一件很丢面子的事，但他仍然礼貌地对评委席说：“好的，我会考虑你们的评价，谢谢。但是，让我自己再好好想想它的用途。”

戈登坚信一点：不管这个小东西本身的创意如何，但它的市场一定不小——几乎所有家庭和公共场所都有桌椅、台柜，而只要是有这些东西的地方，就一定用得着他这个“桌子防摇器”。

于是，戈登还是毅然把他的发明推向了市场。在没有采用任何广告宣传的情况下，“桌子防摇器”在短短一个月内就在网络上获得超过百万次的点击率，人们纷纷表示要购买这种家庭所必需的小东西。

在市场逐渐打开的过程中，戈登的客户也越来越多，连英国王室都对这一小发明产生了兴趣，英国考试协会一次就订购了 20 万个桌子防摇器。戈登凭此赚取了数百万英镑，成为名副其实的“富豪发明家”。

英国有一句谚语：“每天和你所相信的价值一起前进。”环顾四周我们会发现，其实生活里许多看似荒唐的行为中都存在着巨大的商机。我们所要做的，就是像戈登那样，哪怕被全世界嘲笑，只要自己认准了，就一定要坚持下去。也许，人生的第一桶金就出现在这一看似让人啼笑皆非的荒唐行为里。

同样是笑，微笑和嘲笑却有着截然相反的力量：嘲笑带给别人残忍的伤害，而微笑则可以成为化解伤痛的力量。嘲笑既可以成为颓唐之毒，由此沉沦、止步不前；也可以化为发愤之勇，坚持不懈，开掘出一条通道。弱者会因受到嘲笑而深感受伤，强者永远以微笑面对嘲笑。大凡勇者，都有勇气在被嘲笑时露出微笑。

罗曼·罗兰说过：“人生是一场无休、无歇、无情的战斗，凡是要做个够得上称为人的人，都得时时刻刻向无形的敌人作战。”如此，带着微笑向嘲笑开战，如同藏锋于钝，可以战无不胜。

第三章 鲁莽是魔，冲动是鬼：情绪上要沉得住气

面对繁重的压力，每个人都会产生烦躁、压抑、埋怨等负面情绪。负面情绪伤人伤己，如果沉不住气，就会极大地影响正常的工作和生活秩序。面对负面情绪，我们要克制冲动，冷静自持，不被负面情绪所掌控。

情绪失控，伤人伤己

一个小男孩很喜欢发脾气。一天，父亲给了他一袋钉子，并交待他说："你每次发脾气时，就在后院的围墙上钉一颗钉子。"

第一天，男孩发了37次脾气，钉下了37颗钉子。把每颗钉子凿入墙壁时，男孩都使尽了浑身的力气。第二天、第三天……慢慢地，男孩发现，控制脾气要比钉钉子容易得多。所以，他发脾气的次数一点点地减少。靠着这个方法，男孩很好地控制了自己的情绪。

父亲表扬了男孩，又说："从现在起，每次你忍住不发脾气的时候，就拔出一颗钉子。"又过了很久，男孩终于将墙上所有的钉子都拔了出来。

这时，父亲拉着他的手，来到后院的围墙前，说："孩子，你做得很好。但是，看看面前这布满小洞的围墙吧，它再也不能恢复到以前的样子了。你生气时说过的伤害别人的话，也会像钉子一样在对方心里留下伤口。不管事后你说了多少句对不起，那些伤痕都会永远存在。"

情绪是指人们自身需要和客观事物之间短暂而强烈的身心体验。它是一种生理的反应、主观的感受、认知的互动，并表现出一些特定行为。同时，情绪也是一种对人生成功活动具有显著影响的非智力潜能素质。美国密歇根大学心理学家南迪·内森的一项研究发现，一般人一生平均有 3/10 的时间处于情绪不佳的状态，因此人们常常需要与那些消极的情绪做斗争。

有时，生理状态可以决定情绪状态，而情绪也会反作用于生理。《黄帝内经》中说，人有七情六欲，喜伤心，怒伤肝，忧伤肺，思伤脾，恐伤肾。情绪反应是人们正常行为的一个方面，但用情过度就会对身体有损伤。往往，人们在情绪失控时，肌肉紧张，尤其是上臂的肌肉，常常自然而然地紧绷；边缘血管扩张，从而使得面部涨红发热，手掌皮肤温度也随之升高；同时，呼吸加速，心跳加快，血压升高。所以，情绪失控对人的心脏、心脑血管都有极其不好的影响。除此之外，情绪失控的危害更多表现在心理方面，且易伤己伤人，无法复原。

情绪是可以管理的，通过对自身情绪的认识、协调、引导和控制，可以提高我们的情商，培养驾驭情绪的能力，从而保持良好的情绪状态。

大凡成功之人，都能有效地调控自身的情绪。他们可以将注意力转移到愉快且积极的方面；也可以分散烦恼，再将其各个击破；或者，弱化所遇到的刺激，体谅无礼之人，同时将消极的情绪冲动引导到积极的方向，使之具有建设性的意义和价值。学着控制情绪，避免让自己陷入冲动鲁莽、缺乏理智的被动局面中，于人于己都有利。

胸怀博大，怀海纳百川之气量

师父打发弟子去集市买东西，弟子回来后满脸的不高兴。

见状，师父问他："什么事让你这么生气？"

"在集市上，有些人一直盯着我看，还不停地嘲笑我！"弟子撇着嘴说。

"哦？他们都嘲笑你什么呢？"

"笑话我个子矮！哼！这些俗人哪里知道，虽然我长得不高，但我心胸宽广着呢！"弟子仍气呼呼地说着。

师父听完他的话，什么也没说，转身拿起一个盆，带弟子来到海边。

弟子一脸狐疑地跟了过去。只见师父先将盆盛满海水，然后往盆里丢了一颗小石头，盆里的海水立刻溅了一些出来。接着，师傅又捡起一块大石头，用力扔进前方的大海里，大海却依然平静，没有任何波澜。

做完这些，师父对弟子说："你说自己心胸宽广，可我看，不见得。别人只是说了几句你不爱听的话，你就生那么大的气，就像向盆中扔了一颗小石子，水花就溅得到处都是。真正宽广的心胸应该如大海一般，就算扔进再大的石头，也能不起波澜。"

人与人相处，难免有磕磕碰碰，宽容就是所有争执与误会的消融剂。胸有大量是一种高尚的品质，它要求人们在学会宽容的同时，必须先剔除心中的私欲和杂念，抱着一颗推己及人的心，与人为善。胸怀越大，就越能包容，所谓海纳百川，说的就是这个道理。

正如纪伯伦所言，一个伟大的人有两颗心，一颗心流血，一颗心宽容。无论是愤怒还是仇恨，无论是私心还是邪念，这些心灵的毒瘤都应当用宽容去消释。世界上最宽阔的是海洋，比海洋更宽阔的是天空，比天空更宽阔的是人的心胸。大地承受不住的东西，胸怀可以容纳。心胸有多大，就能容得下多大的事。

唐朝武则天当政时，有一位宰相叫狄仁杰。他不畏权势，举贤任能，为后世所称道。然而，狄仁杰何以位居宰相、治国安邦？这还要从娄师德荐相说起。

娄师德深知狄仁杰文武兼备，是国家难得的栋梁之才。娄师德在任丰州（今内蒙临河一带）都督时，就曾向武则天力荐狄仁杰。武则天听取娄师德的荐言，虽知狄仁杰过去曾蒙冤入狱，仍提拔他为相。但娄师德并没有让狄仁杰知道他是被自己引荐的。后来，娄师德也回朝入相参机，同列朝班。由于政见不和，狄仁杰竟将娄师德排挤出朝廷，让其到边防当了军事长官。娄师德入为相，出为将，气宇深沉，毫无怨言。

一天，武则天与狄仁杰商议朝政时，称赞娄师德知人善举。狄仁杰心中诧异，不由得说道："臣尝与他同僚，未尝闻他知人善举。"

武则天笑着告诉他："朕得用卿，实由娄师德荐卿，难道不知乎？"

狄仁杰如梦初醒，相比之下，羞愧不已。他对别人说："娄公品德高尚，我为所容，今日方知，未免愧对娄公。"

娄师德荐才的美德和宽容的心胸让狄仁杰感佩不已，他竭力效仿，先后举荐了张柬之、姚元崇、史敬晖等人，皆为名臣。当时，人们都盛赞狄仁杰效法娄师德为国遴贤的高风亮节，故而有言："天下桃李，尽在公门。"

圣人早有言："骤然临之而不惊，无故加之而不怒。"能如此克己忍让的人是深刻而有力量的。胸怀是成就事业的重要因素，因胸怀天下之志，故而能不计个人前嫌。这是一种眼界和度量，是心有雄才大略的表现。拥有宽广的胸怀，才能有更大的气量去容人；有了更博大的气量，才能有更多的空间去容天下。如此，大事可成。

不感情用事，不冲动行事

三国时期，刘备历尽艰辛，终于拥有了东西两川和荆州之地，创建了帝业。然而，由于关羽的失误，荆州被东吴所夺，关羽也被算计杀害。

刘备听闻，悲愤交加，立刻要起兵伐吴，为关羽报仇。

赵云劝说道："当今的国贼是曹氏，并非孙权。曹操虽然死了，但曹丕却篡汉自立为帝，人神共怒。陛下应该讨伐曹丕，而不是剑指东吴。一旦与东吴开战，短时间内战事难以停止，其他大计就无法实施，还望陛下明察。"

刘备心知，这番话确是审时度势之言。然而，兄弟之死让他心中已充满了复仇怒火，一心向战，他对赵云说："孙权杀害了我的义弟，还有其他忠良志士。这是切齿之恨，只有食其肉而灭其族，方能消除我心中的仇恨。”

赵云再劝道：“曹丕篡汉的仇恨，是大家的仇恨；兄弟之间的仇恨，是私人的仇恨。希望陛下以天下为重。”

刘备甩袖反问：“我不为义弟报仇，纵然有万里江山，又有何意？”遂起兵伐吴，欲扫平江东，最后落得个火烧连营、白帝托孤的下场。

刘备的这一决定显然没有建立在冷静的心态之上，他已完全被悲伤和愤怒所控制，失去了应有的理智，丧失了审时度势的能力，由此招致了灭顶之灾。

七情六欲是人之所以为人的特征之一，然而一个人若常常被感情左右，一定是心智尚未成熟。当一个人完全被感情支配，失去理性的思考，必然会对复杂不定的形势做出错误的分析和判断。感情用事的结果常常是彻底失败。小到做人，大到治国，皆是如此。

一意孤行的刘备就是被感情左右了的人。与之相比，同样遭受亲人被害之痛的曹操，就做出与之相反的选择。

曹操平定青州黄巾军后，声势大振，拥有了一块稳定的领地。于是，他派人把自己的父亲曹嵩接来，同乐尽孝。

曹嵩带着一家老小四十余人途经徐州时，徐州太守陶谦想借此攀附曹操，便亲自出境迎接曹嵩一家，并连续两日大设宴席，热情款待。

礼节到了这里应算是比较到位了。但陶谦讨好心过重，结果好心办了坏事。他派兵士五百人护送，可谁知护送的人中竟有黄巾余党。当初，这些人归顺陶谦只是一时之屈，归顺后也并未得到任何好处，如今看到曹家财宝数车，便起了歹心。一行人半夜杀了曹嵩一家，抢光了财产，夺路而逃。

曹操接到上报，咬牙切齿地道："陶谦放纵士兵杀死我父，此仇不共戴天！我定要尽起大军，洗劫徐州！"

然而，当曹操率军攻打徐州，欲报仇雪恨之时，情况发生了变化。陶谦慌恐中向孔融求助，而孔融又找刘备帮忙。刘备向公孙瓒借兵以解徐州之围。在两方对峙的时候，吕布在陈宫的劝说之下偷袭了曹操大营兖州，占领了濮阳。

此边大仇未报，怎料又横生枝节。曹操虽然复仇心切，但又对自己的处境心知肚明："兖州失去了，就等于让我们没有了归路，不可不早做打算。"

于是，曹操咬牙暂停了复仇计划，拔寨退兵，收复兖州。

日常生活中，我们经常看到有人因一些小事而发生口角，争吵谩骂几句后便大打出手。结果，轻者受伤，重者致死。当因一时冲动而受到法律制裁时，双方都悔恨不已。然而，一切都悔之晚矣。

任何人都有情绪波动的时候。若不能很好地把握和克制情绪，就会做事随心所欲，忽视社会公平，用个人意志代替社会规则，结果必然会被社会规则所惩罚；相反，遇事不急，冷静处之，不仅能免受一些不必要的伤害，还能让自己的人生之路少些阻隔。冲动是站在人肩膀上的魔鬼，控制它还是被它操控，皆在于你的选择。

远离浮躁，脚踏实地

“科技创新应远离浮躁！”“人生是短暂的，所以我总是尽量多学习，多做些事情。”

这是2010年伊始，谷超豪先生从胡锦涛同志手中接过中国科技界的最高桂冠——国家最高科学技术奖后的心声。谷超豪是中国科学院院士、复旦大学数学研究所名誉所长；他在2008年被授予“上海教育功臣”荣誉称号；2009年，紫金山天文台以他的名字命名了一颗小行星。一直以来，谷超豪先生的名言都是：“学海茫茫欲问之，惜阴岂止少年时。秉烛求索不觉晚，折得奇花三两枝。”这也是他甘于科研、寂寞求索的写照。

不求一蹴而就、立等可取的捷径，无须锱铢必较、患得患失的算计，拒绝浮夸吹嘘、急功近利的作风，这便是摒弃了浮躁的最高境界。

古人训导有言："非淡泊无以明志，非宁静无以致远。"古往今来，凡成就事业之人，无不秉持专心治学的求实作风和远离浮躁、甘于淡泊的精神。我国国学大师季羡林先生就曾在《病榻杂记》中阐述了他对于外界加在他头上的"国学大师""学界泰斗""国宝"这三顶桂冠的看法：被戴上"大师"的桂冠，他浑身起鸡皮疙瘩；被尊为"泰斗"，他说"我这般人天下皆是"；被称为"国宝"，让他极为惊愕，"我可不是大熊猫"。"三顶桂冠一摘，还了我一个自由自在身。身上的泡沫洗掉了，露出了真面目，皆大欢喜"。

浮躁是人生的天敌。一个浮躁的人必然缺乏凝神聚魂的定力，缺乏拼杀搏击的勇猛；一颗浮躁的心必然是无根的浮萍，缺乏内涵与魅力。试想，一个人如果心神不宁、躁气附身，如此坐立难安，哪里还能有谋事之心、立业之志？浮躁也是一种不健康的心理状态。一旦心浮气躁，人就会变得盲目、浅薄和暴躁，容易被社会的急流挟裹，经不起挫折，最终一事无成。

多年前，美国兴起石油开采热，一个充满雄心壮志的年轻人也来到采油区。

起初，他的工作是检查石油缸盖自动焊接得是否完全，以确保石油被安全储存。每天，年轻人都会监视着机器的同一套动作：首先是石油罐通过输送带被移送至旋转台上；然后焊接剂自动滴下，沿着盖子回转一周；最后，油罐下线入库。从早到晚，监看几百个石油罐，日日如此。

这的确让人感到枯燥。对此，青年觉得很不满足，以自己的能力做这样的工作岂不是浪费了？于是，他找到主管，请求调换工作。

主管听后冷冷地说："你要么好好干，要么另谋出路。"

年轻人立刻涨红了脸。回去后，他冷静下来仔细一想，自己为何不能在平凡的岗位上发挥潜力，把工作做得更好呢？于是，年轻人沉下心来，即使每天重复百遍，同样一丝不苟。

偶然的一个机会，他注意到一个非常有意思的细节：在机器上百次重复的动作中，罐子旋转一次，会滴落39滴焊接剂，但却总会有那么一两滴没有起到作用。于是，他想，如果能将焊接剂减少一两滴，这将会节省不少成本。经过仔细研究后，年轻人研制出"37滴型焊接机"。但是，这种机器在运作时会有漏油的现象，为了弥补缺陷，他很快又研制出"38滴型焊接机"。

这样，公司每焊一个石油罐盖，便会节省一滴焊接剂。虽然每个盖子节省的只是一滴，但正是这"一滴"给公司带来了每年五亿美元的新利润。

这个年轻人就是日后掌控美国石油业的石油大亨——约翰·戴维森·洛克菲勒。

人都有一种自然的“弹性”，放纵自己很容易，约束自己却很难。然而，置身于日新月异的时代，要想不断提高修养、丰富内涵，就必须做到心无旁骛，点滴积累。枯燥无味时，忍住寂寞；纷繁动乱中，守住清静。只有踏踏实实做人，兢兢业业工作，才能取得实实在在的成果。

凡成事者，要心存高远，更要脚踏实地。人心谋定而动，但求耕耘，不问收获，只顾种福，不求享福，这才是最有福的人生。

急于求成，只会适得其反

我国画坛一代宗师齐白石年轻时就特别喜爱篆刻，但篆刻技术总是不那么令人满意。于是，他向一位老篆刻家虚心求教，老篆刻家对他说：“你去挑一担础石回家，刻好了之后全部磨掉，磨完后再刻。等到这一担石头都变成泥浆，那时你的印就刻好了。”

齐白石按照老篆刻家的话，挑了一担础石，夜以继日地刻着。他刻好了把它磨平，磨平了再刻，手上不知起了多少个血泡。

日复一日，年复一年，础石越来越少，而地上淤积的泥浆却越来越厚。终于，一担础石被“化石为泥”，而他的篆刻技术也果然如老篆家所言，日渐精进。

成功的因素有很多，但最关键的恐怕要数耐心了。耐心就是甘于把时间投入到日复一日的努力当中，尽管所做的事情有时候是枯燥乏味的。耐心意味着积蓄力量的过程，也意味着稳健劳固的结果。一针一线细心缝制的帆，才能迅速且安全地将我们送到成功的彼岸；用焦急与浮躁打造出的船，只能将我们埋葬在失败的汪洋大海中。一个人只有摆脱了速成心理，积极努力，步步为营，才能达到最初的目标。

从前，有个小男孩非常喜欢生物学，他很想知道蛹是如何破茧成蝶的。一次，他终于在草丛中发现了一只蛹，便带回家，日日观察。

几天以后，蛹壳出现了一条裂痕，里面的蛹开始挣扎，想抓破蛹壳飞出去。但无论它在蛹壳里如何辛苦地挣扎，那对翅膀怎么也出不来。小男孩看它这么痛苦，有些不忍心。于是，他找来剪刀，将蛹壳剪开，里面的小蝴蝶瞬间就破壳而出了。

但让小男孩万万没有想到的是，因为没有经过破茧而出的锻炼，小蝴蝶翅膀的力量太薄弱，根本飞不起来。不久，它便痛苦地死去了。

破茧成蝶的过程固然痛苦，然而只有经历了这一艰辛的过程，才能换来日后的翩翩起舞。抱着急于求成心理的人，恨不能一日千里，但往往事与愿违。不遵循客观规律，还没有练习好走路就想跑，那肯定是要摔跟头的。凡事都有个循序渐进的过程，违背了自然规律，一味主观地求急图快，只能是适得其反。

所以，我们应该把目光放长远，注重知识的积累，以平和的心态始终如一地努力，这样自然就会水到渠成。成就事业都必须经历痛苦挣扎、努力蜕变的过程，而这也正是我们变得更加有能力、更加坚强的必经之路。

遇事别慌，沉着冷静

古时有一个商人，在外苦心经营多年，终于攒下了一笔财富。于是，他准备结束半生的漂泊，回乡与妻儿团聚，置田购房，安度晚年。

当时时局动荡，路上常有劫匪。商人把所有的钱都买了玉器，还为此特制了一把油纸伞，将粗大的竹柄关节全部打通，把珠宝玉器放入其中。身着一件旧布衣衫，一双平底布鞋，他就这样扮作一个风餐露宿的老者，轻轻松松地上路了。

果然，行路多日，无人打扰。这天中午，天下起小雨，他来到一家小面馆，要了一碗香喷喷的面。吃饱之后，倦意难挡，外面又下着小雨，他不觉双手托腮，打了一个盹。

一阵清凉的风吹醒了商人，外面的天已黑了。他揉揉眼，猛然间发现油纸伞不见了踪迹，一阵冷汗冒了出来——这把伞可是他的身家性命。但商人不露声色，仔细分析着有可能遭遇到的情况：他看到自己手里的包袱完好无损，就大概断定并不是被行窃，一定是有人只顾方便，顺手取走了自己的雨伞。

沉吟片刻，商人有了主意。他叫来掌柜，说自己想在镇子上做个小买卖，请掌柜的帮忙租个房子。于是，一间极小的修伞店在路边打起了招牌。

他待人和气，心灵手巧，颇有人缘，人们都愿把伞拿到他那里去修理。经过他手的伞成千上万，却唯独没有他等待的那一把。

一天，他接了一把破旧的伞，主人漫不经心地说："一把破伞值不了几个钱，反倒要花不少钱去修，太费事就算了。"

言者无意，听者有心。一句不经意的话启发了商人：自己的那把油纸伞也恐怕破得不能再修了……于是，商人又想了一个好办法。

第二天，过往的行人看到一条新鲜的广告：油纸雨伞以旧换新。人们纷纷询问，得到肯定的答复后，消息立刻传开了。

不久，来了一个中年人，腋下夹着一把油纸伞，恰是商人心系的那把。商人仍然不动声色地收下了破伞，目光一扫，就查到伞柄处完好无损。他转身在店里挑了一把最好的雨伞递给来者，然后徐徐关了店门。打开伞柄，商人看到了他的全部玉器，瘫坐在地，半日无语。

修伞店很晚还没有开门。人们一打听，才知已是人去屋空。

成大事者必须具备在任何情况下都能够沉着冷静、坦然面对的特质。在外界环境突变或发生始料未及之事时，更应沉着冷静，自乱阵脚，只能火上浇油。突遇危险，只有不惊慌失措，才能不影响自身的判断，进而在事发后迅速分析处境，机敏地控制局面，把可能受到的伤害降到最低。

2008年“5·12”汶川地震中，涌现出许多临危不乱、沉着冷静的救人（自救）英雄，雷楚年就是其中之一。那年，雷楚年15岁，地震前是彭州市磁峰中学初三（3）班的学生。

5月12日，14点28分，刚上完化学课的雷楚年正站在二楼的走廊上。伴随着突然的剧烈摇晃，雷楚年听到班主任陈冬在喊:“地震了，快跑！”雷楚年是班上的体育健将，身手十分敏捷。他飞快地向楼下冲去，成为整个教学楼里第一批冲出来的学生。

在恐惧和慌乱中，雷楚年看到陈老师在往楼上冲——是去救人！他没有丝毫犹豫，也立即折身冲回了二楼。回到自己的教室，里面竟然还有7名同学蹲在墙角。在雷楚年的催促下，6个同学跑了出来。但雷楚年的好朋友欧静被吓坏了，蹲在门口瑟瑟发抖，“我想拉她跑，可她像傻了一样，根本不动”。雷楚年急了，一弯腰，把欧静抱起来就跑。

15岁的雷楚年并没有太大的力气，再加上剧烈的晃动，他抱着欧静跑得很吃力。好在关键时刻欧静终于清醒过来，能够自己跑动了。预制板水泥块不断掉落，雷楚年护着欧静狂奔。可没跑出几步，一块预制板就垮塌在雷楚年和欧静之间。欧静顺利地冲下了楼，而雷楚年的逃生之路却被阻断。

危机时刻，他忽然想起在二层走廊外一米多远的地方有棵树。雷楚年第三次返回二楼，攀上摇晃的走廊栏杆，纵身一跃，抱住了那棵救命树。而就在那一瞬间，教学楼在他身后轰然垮塌。

雷楚年，一个15岁的男孩，在突遇危险时，不但没有惊慌失措，反而用沉着和机敏抓住了求生的机会。面对险境的时候，首先要做的就是控制情绪，让自己平静下来。切勿还未想出解决的办法，就被眼前的乱局吓倒。慌乱只会让事情变得无章可循，加重内心的惶恐。其实，只要镇定地应对危厄，它自然就找不到空隙来打击你。

第四章 动如脱兔，静如处子：行动上要沉得住气

在通往成功的道路上，有太多人希望找到一条捷径，可以少一些奋斗，少一些等待，却忘记了“不积跬步，无以至千里；不积小流，无以成江海”的道理。成功没有捷径，只有脚踏实地地一步步完成，才能实现目标。实干就是成功路上唯一的捷径。

理论不是空谈，行动要出结果

战国时期，赵国名将赵奢之子赵括自幼酷爱兵法，谈起用兵之理头头是道，自以为天下无人能敌，连自己的父亲也不放在眼里。

长平之战中，赵王听信了左右的议论，把赵括找来，问他是否能打退秦军。

赵括说：“要是秦国派白起来，我还得考虑一下。如今来的是王龁，廉颇与他是势均力敌。要是换上我，打败他不在话下。”

赵王听了很高兴，便拜赵括为大将，去接替廉颇。

蔺相如却认为此举不妥，于是劝告赵王：“赵括只懂得读兵书，不会临阵应变，不能派他做大将。”可是，赵王对蔺相

如的劝告置若罔闻。

赵括的母亲也向赵王上了一道奏章，请求赵王别派他儿子去。赵王把她召来，询问何故。赵母说：“他父亲临终的时候再三嘱咐我说，‘赵括把用兵打仗看作儿戏，谈起兵法来就眼空四海，目中无人。将来大王如果任命他为大将，只怕赵军都会断送在他手里。’所以，我请求大王，千万收回成命。”

赵王又以“君无戏言”而推搪。赵括的母亲却问：“您一定要派他领兵，那么假使他兵败，我们家能不受株连吗？”

赵王很痛快地答应了。

赵括统率四十万大军，声势浩大。他把廉颇规定的制度全部废除，下了命令：“秦国再来挑战，必须迎头打回。敌人若败，我军必追，非杀得他们片甲不留。”

秦将范雎得知赵括替换廉颇的消息，知道自己的反间计成功，就秘密派白起为上将军指挥秦军。白起一到长平，便布置好埋伏，并故意打了几场败仗。赵括不知是计，拼命追赶。白起把赵军引到预先埋伏好的地区，派出二万五千精兵，切断赵军的后路；另派五千骑兵，直冲赵军大营，把四十万赵军切成两段。

赵括这才知道秦军的厉害，只好筑起营垒坚守，等待救兵。但内无粮草，外无救兵，守了几十天的兵士们都叫苦连天，无心作战。赵括想带兵冲出重围，却不想被秦军射死在乱箭之中。赵军上下听到主将被杀，纷纷缴械投降。四十万赵军，就在纸上谈兵的主帅赵括手里，全军覆没了。

赵括自以为熟读兵书，定能攻无不克，战无不胜，结果却让赵国差点遭遇灭国的危险。

无论是在生活还是工作中，我们常常见到如赵括一般“语言的巨人，行动的矮子”，语言光艳夺目，真正要付诸行动时却黯然失色。一个整天浮想联翩或夸夸其谈的人，永远不会成为别人尊重的对象。只知死读书，缺乏实际行动能力的人，即使机会来临，也只能唏嘘空叹，结果必然是一事无成。

诸葛亮首出祁山时，决定派一队人马去占领军事重地街亭（今甘肃庄浪东南），作为屯兵的据点。但派何人前往，诸葛亮却迟迟未定。当时，蜀军中尚有几个身经百战的老将，参军马谡经验不足，竟主动请缨。诸葛亮想起刘备临终所嘱“我观马谡，言过其实，不可大用”，因而迟疑。马谡自知，自己虽为诸葛亮出谋划策，但实际战功寥寥，不免难服众心，就以自己从小熟读兵书、对此战胸有成竹为由，再次向诸葛亮拜泣，遂成为先锋，王平为副将。

马谡和王平率领大军到了街亭，张郃的魏军也正从东面赶来。马谡看了地形，对王平说：“这一带地形险要，街亭旁边有座山，正适合扎营，布置埋伏。”

王平提醒他：“丞相临走时嘱咐过，要坚守城池，当道扎营，屯兵山上太冒险了。”

马谡自以为熟读兵书，夸下海口誓败魏军。

王平追问道：“魏兵骤至，四面围定，将何策保之？”

马谡大笑：“兵法云：凭高视下，势如破竹。”

王平仍然极力劝阻：“若魏军断我汲水之道，军士不战自乱矣。”

马谡却说：“孙子曰：置之死地而后生。”

马谡不听王平的劝告，坚持要在山上扎营。王平知道再劝无用，只好央求马谡拨给他五千人马，让他在山下临近的地方驻扎。

张郃率魏军赶到街亭，看到马谡放弃现成的城池不守，却把人马驻扎在山上，暗暗高兴。他马上吩咐手下将士，在山下筑好营垒，把马谡扎营的那座山围困起来。

马谡几次命令兵士冲下山去，但由于张郃坚守不出，蜀军无法攻破，反而被魏军乱箭射死了不少人。没过多久，蜀军在山上被断了水源，连饭都做不成。时间一长，军中开始骚乱。

张郃看准时机，发起总攻。蜀军兵士纷纷逃散，马谡也无力阻止，最后只好自己杀出重围，往西面逃去。

王平带领五千人马稳守营盘。他得知马谡失败，就叫兵士拼命打鼓，佯装进攻。张郃怀疑蜀军有埋伏，不敢再逼近他们，这样才保住了仅剩的五千将士。

可笑马谡，只知“兵法云”“孙子曰”，却没有想到因地制宜。众人皆知，束缚于理想之中而不去行动的人，只能是碌碌无为的平庸之辈。却不知，不联系实际、盲目行动的人，与不行动的人得到的结果并无二致。

所谓行动力，是指完成预定目标的操作能力，是把理想、规划转化为现实成果的关键。行动力对一个人、一个集体的重要性不言而喻。它不仅包括行动迅速，也包括行动有效。也就是说，一个具备行动力的人不仅要有立即行动的魄力，从说到做，毫无犹豫；还要能保证有好的结果，从 0 到 1，实现质的跨越。这就要求行动者不仅要理论丰富，而且要注重结合实际，这样才能确保理论不是空谈，行动能出结果。

每天多做一点，就离成功更近一点

电冰箱对于消费者来说是家庭中的大件，许多家庭买来后，都会放在房间的显要位置。基于此，海尔对冰箱的各项技术指标的要求均高于国家标准，其中主要的七项指标实测值均优于世界发达国家水平。为满足用户对高档家电的特殊需求，海尔对外观、噪音等的要求特别严格。如冰箱外观，国家标准要求是 15 米以内看不出划痕，而海尔的要求则是 5 米以内不得看出划痕；对于噪音这一指标，国家规定为52分贝，海尔的内控标准为50分贝。这样无疑加强了自身的“修炼”，保证了海尔冰箱的高合格率。

著名投资家约翰·坦普尔顿通过大量观察研究得出一条重要的原理——多一盎司定律。盎司是英美制重量单位，一盎司相当于1/16磅。坦普尔顿指出，取得突出成就的人与取得中等成就的人几乎做了同样多的工作，他们付出的努力差别很小，只是前者比后者“多一盎司”，但他们取得的成就却经常有天壤之别。

成功的秘密就在于那看起来毫不起眼的一盎司。这微不足道的区别，让我们工作的成效大不一样。因为“多一盎司”，海尔的产品合格率几乎达到100%。如果在自己的工作中再“多加一盎司”，你就能从称职晋升为优秀。

卡洛·道尼斯先生最初为杜兰特工作时，职务很低。而在不到一年的时间里，他就成为杜兰特先生的左膀右臂，担任其下属一家公司的总裁。卡洛·道尼斯之所以能如此快速地升迁，秘密就在于“每天多做一点儿”。来听听他是怎么说的：

“在为杜兰特先生工作之初，我就注意到，每天下班后，所有的人都回家了，而杜兰特先生仍然会留在办公室里继续工作到很晚。因此，我决定下班后也留在办公室里。是的，的确没有人要求我这样做，但我认为自己应该留下来，在需要时为杜兰特先生提供一些帮助。

“工作时，杜兰特先生经常找文件、打印材料。最初，这些工作都是他亲自来做。很快，他就发现我随时在等待他的召唤，并且逐渐养成招呼我的习惯……”

杜兰特先生之所以习惯了召唤道尼斯，是因为道尼斯主动留在办公室，使杜兰特先生随时可以看到他，并且随时为他提供诚心诚意的服务。道尼斯这样做获得额外的报酬了吗？没有。但是，道尼斯为自己积累了更多的经验，也获得更多的机会。

这给予我们非常大的启示。全心全意、尽职尽责是你“分内”的事，但同时，你可以选择多做一点“分外”的活，比别人期待的更多一点，以鞭策自己快速前进。率先主动是一种珍贵且备受赞赏的素养，它能使人变得更加敏捷、更加积极。哪怕你只是普通职员，“每天多做一点”的工作态度也能使你从竞争中脱颖而出。你的上司、委托人和顾客都会关注你、信赖你，从而给你更多的机会。

“多一盎司定律”可以运用到各个领域。实际上，这是走向成功的普遍规律。多一些好奇，多一些探究，多一些坚持，多一些付出，你收获的就会远比想象中更多。

专心致志做事，成功需要聚焦

戴尔·泰勒是20世纪60年代美国西雅图一位德高望重的牧师。一天，他向学生宣布：谁能背出《马太福音》第五章到第七章的全部内容，他就邀请他到西雅图的“太空针”高塔餐厅免费用餐。

太空针高塔高185米，登上高塔餐厅可以一览西雅图的美景。另外，那里的甜点很美味，可以说，那是每个孩子都梦想去的地方。但是，要获得这个机会并非易事，因为《马太福音》第五章到第七章又被称为“山上宝训”，是圣经中的著名篇章，有几万字的篇幅且不押韵，要背诵全文有相当大的难度。

但是，有一天，一个11岁的学生胸有成竹地坐到戴尔·泰勒牧师面前，以孩子特有的童音从头到尾一字不漏地把原文背了下来，没出一点差错，而且到了最后，竟成了声情并茂的朗诵。泰勒牧师惊讶地张大了嘴巴。要知道，能背诵全文的成人都少见，更何况是一个孩子！

牧师不禁好奇地问：“你是如何背下这么长的文字的？”

这个孩子不假思索地回答：“我只是专心致志地去背。”

16年后，这个孩子成了一家知名软件公司的CEO，他的名字叫比尔·盖茨。

在人生道路上，客观因素会起到一定的作用，但个人的主观努力才是最根本的。比尔·盖茨无论是成功背诵圣经还是后来取得伟大成就，都得益于他总是集中精力做好眼前的事。比尔·盖茨的竭尽全力向我们揭示了这样的道理：一个人要想有所成就，就要重视内因的积极作用，用专心致志的精神叩开成功的大门。

专心致志是人人皆知的道理，却鲜少有人能做到。荀子在《劝学》中说得好："蚓无爪牙之利，筋骨之强，上食埃土，下饮黄泉，用心一也。"即使底子再薄弱、力量再微小，只要用心，最终也能达到目标。现今社会，诱惑很多，如果不对自己加以约束，很容易荒废了时间和精力。与其在做事时心不在焉地惦记着享乐，又在享乐时忐忑没有专心做事，不如做事时就屏蔽干扰、专心致志，玩乐时放下工作、专心享受。

几十年前，波兰有个小姑娘叫玛妮雅，她学习非常专心，不管周围怎么吵闹，都分散不了她的注意力。

一次，玛妮雅在做功课，她的姐姐和同学在她面前唱歌、跳舞、做游戏。玛妮雅就像没看见一样，在一旁专心地看书。

姐姐和同学们想试探她一下。她们悄悄地在玛妮雅身后搭起几把椅子，只要她一动，椅子就会倒下来。时间一分一秒地过去了，玛妮雅读完了一本书，凳子仍然竖在那儿。

从此，姐姐和同学们再也不逗她了，而是像玛妮雅一样专心读书，认真学习。

玛妮雅长大后，成为伟大的科学家，她就是人人皆知的居里夫人。

尽管有人能不断地产生新的目标、新的规划和思想，但是当要开始实施某一计划时，他们却很难做到专注。三心二意只能说明他们不知道真正的目标是什么，因此所有的事情都将无果而终。

PMA 训练教程中关于“专心”的定义是这样的：专心就是把意识集中在某个特定欲望上，并要一直集中到已经找出实现这项欲望的方法，而且成功地将其付诸实际行动为止。可见，成功需要“聚焦”。生活中，很多人之所以没有实现早年确定的目标，大多是因为他们容易见异思迁，将注意力分散了。不能专心致志地做事，便只能探究到事物的表层。真正有所建树的人都集中精力专注于某一领域，并且坚持不懈地去探索，最终才创造出别人无法企及的成就。

将大目标分解，以小步取代大步

曾经有一位73岁的老人从旧金山步行到佛罗里达州的迈阿密市。这位老人吸引了当地各大媒体记者的注意。在采访过程中，一位男记者抱着极大的好奇心问："徒步走这么远的路程，对于我们年轻人来说，几乎都是不敢想象的，我们觉得您就像一个奇迹，能告诉我们您是怎样做到的吗？"

"走一步路是不需要勇气的，"老人回答说，"我所做的就是这样。我先走了一步，接着再走一步，然后再一步，我就到了这里。"

做任何事，只要你迈出了第一步，然后一步步地走下去，就会逐渐靠近目标。在实现目标方面，拿破仑·希尔的格言是"欲速则不达"，他主张分步进行活动而不是迈开大步向前走。他指导年轻人时说，可先采取初级步骤，不能急功近利式地一蹴而就。

比如，很多年轻女孩想拥有好身材，资深健身教练却宁可他们的会员每天只来20分钟，而不是一周去一两次，每次2个小时。换句话说，设定一个不太大的目标，你会感到可以做到。正因为感到应对自如，你才会发现自己渴望去完成它们。

生活中任何需要你完成或改变的事情都是这样的。为了实现宏伟的目标，你可以设定可达到的每日目标，然后每天做一点，用小步取代大步。这样，当实现一个小目标后，一种更加积极的强化力量就会出现，它会帮助我们更积极地朝着远大目标迈进。

1984年的东京国际马拉松邀请赛中，名不见经传的日本选手山田本一大曝冷门，夺得冠军。当记者问他凭什么取得如此惊人的成绩时，他的一句“凭智慧战胜对手”让当时的体育界嘘声一片。许多人认为，这个偶然跑到前面的矮个子选手是在故弄玄虚。马拉松比赛是体力和耐力的较量，只要身体素质好又有耐性，就有希望夺冠。爆发力和速度都还在其次，而要说用智慧取胜确实有点勉强。

两年后，意大利国际马拉松邀请赛在意大利北部城市米兰举行，山田本一代表日本参加比赛。这一次，他又获得世界冠军。记者再次请他谈经验。性情木讷、不善言谈的山田本一的回答仍然是：用智慧战胜对手。这回，记者没在报纸上继续挖苦他，但对他所谓的智慧仍迷惑不解。

十年后，这个谜团终于解开。山田本一在自传中解释道：“每次比赛前，我都要乘车把比赛的线路仔细地看一遍，并把沿途比较醒目的标志画下来。比如，第一个标志是银行，第二个标志是一棵大树，第三个标志是一座红房子……这样一直画到赛程的终点。比赛开始后，我就以百米的速度奋力地向第一个目标冲去。等到达第一个目标后，我又以同样的速度向第二个目标冲去。40 多公里的赛程，就被我分解成几个小目标轻松地跑完了。起初，我并不懂这样的道理，便把我的目标定在 40 多公里外终点线的那面旗帜上。结果，我跑到十几公里时就疲惫不堪了，我被前面那段遥远的路程给吓倒了。”

众多心理学实验让专家得出这样的结论：当人们的行动有了明确目标，并能把自己的行动与目标不断地加以对照，清楚地知道自己的行进速度和与目标之间的距离，行动的动机就会得到维持和加强，就能自觉地克服一切困难，努力达到最终目标。

因而，目标分割法非常有利于大目标的完成。把大目标分解为多个易于达成的小目标，化整为零，你便可以一点点地向前逼近。把通往成功途中的每一点连成一条直线，它的终点既是成百上千个“点”中的一个，更是那个终极目标的达成地。这成百上千个“点”，也就自然而然地铺就成一条成功之路。

认真对待工作中的小事

东汉有一少年名叫陈蕃，独居一室，室内邋遢不堪。

一日，他父亲的朋友薛勤来访，见此状，面露不满，问他为何明知有客来访却不将屋舍打扫干净。

陈蕃回答道："大丈夫处世，当扫除天下，安事一屋？"

薛勤当即反驳道："一屋不扫，何以扫天下？"

再恢宏的著作也要由一个个词汇组成，再大的事业也要由一件件小事支撑。那些一心只想着做大事，常常对小事嗤之以鼻、不屑一顾的人，最终往往连小事都做不好，更遑论大事。世界文豪伏尔泰说："使人疲惫的不是远方的高山，而是你鞋里的一粒沙子。"小事是琐碎的，但并不是简单的。要把小事做好，花费的精力和时间并不一定比大事少。拥有把普通的小事也当作大事来认真对待的精神，才能成就平凡中的伟大。

美国标准石油公司曾经有一位名叫阿基勒特的小职员。他在出差住旅馆的时候，总是在自己签名的下方写上"每桶4美元标准石油"的字样，就连书信及收据也不例外。因此，阿基勒特被同事开玩笑地称为“每桶4美元”，叫他真名的人反而越来越少了。

公司董事长洛克菲勒知道这件事后，对阿基勃特的细致和敬业感慨道：“竟有职员如此努力宣扬公司的声誉，我要见见他。”于是，他特意邀请阿基勃特共进晚餐。从阿基勃特的言谈举止，洛克菲勒了解到这是个一直以来把每一件小事都能做好的人。洛克菲勒对他印象很好，提拔他做董事长的特别助理。

后来，洛克菲勒卸任，阿基勃特成了第二任董事长。

在签名的时候署上“每桶4美元标准石油”，这就是一件微不足道的小事。而且严格来说，这件小事并不在阿基勃特的工作范围内。但阿基勃特却这样做了，并坚持把这件小事做到极致。工作中，不乏才华与能力在阿基勃特之上的员工，但却没有人像他一样，将工作中无小事的理念执行得如此彻底，阿基勃特也因此获得成功。

实际上，每个人的工作态度就可以把他与周围人逐渐区别开来。工作都是由一件件小事构成的。不能因为这是件不起眼的事情，就敷衍应付或轻视懈怠。成功是一个逐渐积累的过程。没有小事的锻炼，没有日常的积累，纵然有再好的机会降临，也难有所成。很多时候，我们缺乏的并不是做大事的魄力，而是由小事累积而来的耐性。

一个人能把一天中遇到的事情做好，这并不难，难的是一辈子如此。人生的目标贯穿于生命始终，认真做事需要持之以恒的意志力。别轻视自己所做的事，即便是最普通的工作，也应全力以赴、尽职尽责地完成。

制定可行计划，坚持执行

1957年8月，孙正义出生于日本佐贺县一个中产阶级家庭。他的祖父从韩国大邱迁到日本九州，先做矿工后务农。他的父亲靠着卖鱼、养猪、酿酒，慢慢让生活好了起来。

孙正义从小就表现出超常的领导力，而且做事很有计划性。23岁时，孙正义花了一年多的时间来思考自己未来到底要做什么。他把自己想做的40多件事情罗列出来，而后逐一做了详细的市场调查，并做出未来十年的预想损益表、资金周转表和组织结构图。40个项目的资料全部合起来足有10米多高。

然后，他又列出25项选择事业的标准，包括该工作是否能使自己全身心投入50年不变、10年内是否至少能成为全日本第一等。依照这些标准，他给40个项目打分排序，计算机软件行业脱颖而出。

用十几米厚的资料做事业选择，将目光放在几十年之后，这样的深思熟虑，这样的周密规划，注定了他日后的成功。行内人称孙正义的这一行为是“用一年的时间赢得一生”。

比尔·盖茨曾在送给孙正义的一本书的扉页上写道：“你和我一样都是冒险家。”与凭借创新技术开拓市场的盖茨不同，“软银”总裁孙正义以资本作饵，诱使全世界疯狂追逐互联网新贵。20世纪末，他以数百亿美元身价直追全球首富。回顾孙正义的创业历程，我们会看到，计划在其中发挥着非常突出的作用。他乐于冒险，但并不盲目。

韩愈曾说：“凡事预则立，不预则废。”这里的“预”说的就是一种预见性、计划性。不管做什么事，光有目标是不够的，必须要有一个详细的计划做指导。一个科学周密的计划往往能减少人们通往目的地的阻力和波折。大至国家的“五年计划”，小到个人的一年计划、一季度计划、一月计划，甚至每日计划，都是为了提供明确的方向性和指导性。计划很好地充当了提纲挈领的引导角色，让人行事有线，做人有章。

卡耐基这样劝告因做事杂乱无章而烦恼的人们：

我们可以把生活想象成一个沙漏，沙漏的上一半有成千上万粒的沙子，它们都慢慢地很平均地流过中间那条细缝。除了弄坏沙漏，我们没有办法让两粒以上的沙子同时通过那条窄缝。我们每个人都像这个沙漏。每天早上开始的时候，有成百上千件的工作，让我们觉得一定得在一天里完成。可是，如果我们不按照计划一次做一件，让它们慢慢地、平均地通过，那么就像沙粒通过沙漏的缝隙一样，到头来有可能一件事也没有干成。

没有规划地行事是散漫慵懒的，很容易被外界事物所影响。有了计划的指引，人们能够减少犹豫，减少无谓精力的浪费，在短时间内尽可能多做事。在制订计划的过程中，人们必定会周密地预测执行过程中可能会出现的意外因素，当问题发生时，便不会因诧异惊慌而不知所措。他们能够以实际状况为依据，根据预先考虑的对策有条不紊地解决。

很多人心里存在这样一个误区：制定计划是那些企业高管们应该做的事，自己做的都是一些不起眼且琐碎的小事，根本不值得花费时间计划。同时，他们会认为，制定计划等同于一项宏伟浩大的工程，此时畏难心理自然而然就占了上风。

其实，计划不分大小。不要认为自己所做的事情不重要，就不需要做计划。计划的目的是要促使目标实现，而不是对个人的束缚与管制。必须做或不做什么并不是由计划决定的。制定计划的过程其实就是一个自我完善的过程。计划能让我们在做事的过程中感到明显的进步，即使进步是微小的，我们仍能从中获得成就感。

所以，在行事之前，一定要坚持制定计划，并坚信会实现它。同许多其他重要的事情一样，执行计划并不是一件简单容易的事情。但只要你按部就班地实行了计划，就一定会成为未来的佼佼者。

张弛有度，平衡有道

培训师拿起一杯水，问台下的听众：“各位觉得这杯水的重量是多少？”

话音刚落，会场中一片骚动。有人说是半斤，有人说是一斤，各自争论不休。

培训师看着大家讨论得如此积极，适时地笑着说：“这杯水到底有多重，我没有称量过，所以不能准确地告诉你们。但其实这并不重要，重要的是你能拿多久？拿一分钟，谁都能够做到；拿一个小时，可能会觉得手酸；拿一天，也许你就得进医院了。”

台下发出一片笑声。

培训师继续说道：“其实，水的重量一直没变，但是你拿得越久，就越觉得沉重。就像我们承担压力的时候，如果我们一直把压力放在身上，不管压力是大是小，到最后都会觉得越来越沉，直至无法承担。我们必须放下这杯水，休息一下，再拿起来。如此，我们才能拿得更久。所以，各位应该隔一段时间就将承担的压力放下，好好休息一下，然后再重新拿起，这样才能在负重的情况下行进得更久。”

古人云：“有张有弛，文武之道。”“张”就是保持积极的进取精神，工作时集中精神、专注投入；“弛”则是学会平衡事业与生活，在必要时懂得放弃，学会放松。张弛有度，不仅有利于调节工作和生活节奏，也是保持身心健康的科学方法。它让我们在面对生活和事业时进退有度，有张有弛，如此，生活的色彩才不会单一，人生的过程才更加有趣。

一位中年男子不知不觉就到了人们常说的“爬坡”年龄，方方面面的压力随之而来。为了提高效率，他一直在寻找快捷的工作和生活方式，经常是人还在路上，就考虑到达时该做的事情和该说的话。直到有一天，他经历了飞机上的那一幕，才彻底改变了自己的生活方式。

那天，这位中年男子急着要赶到另一个城市，与一位抄袭他文章的年轻人对簿公堂。临走时，因为妻子收拾行李时婆妈又拖拉，他大发脾气，头也不回地拎着公务包就下楼，与等在楼下的律师上了一辆的士。到了机场，又因为办理登机手续过慢了，他差一点与机场的工作人员吵起来。

当他和律师开始登机时，排在他们前面的是一对70多岁的老夫妇。他们行动迟缓，这位中年男子急着要坐下来，好跟律师商量一下法庭上可能用得上的辩词。假如不是律师安抚，他差一点就要抢在老人前面去找座位。终于，这对老夫妇找到了位置，放妥了行李，双双坐定，他们才得以通过，正好就坐在老人的后排。

半个小时后，空姐开始给旅客送饮料，中年男子也正好感到口渴。前面这对老夫妇点了饮料之后，老先生说他该吃药了，而药放在机舱行李柜内，于是他站起来，慢腾腾地在大包小包中翻找他的药片。好不容易找到了，又慢腾腾地将行李打好，五六分钟后，老先生才重新回到座位上。空姐分发饮料的工作也暂停了五六分钟才重新开始。

大家都有些不耐烦。听到大家的埋怨声，中年男子终于忍不住了，站起来朝着那对老夫妇喊道："你们为什么老耽误大家的时间？"

中年男子的声音太大，老先生显然受到惊吓，惊慌之下把自己小餐桌上的咖啡弄倒了。老先生的裤子湿了大半，空姐连忙给他递上餐巾纸，并致歉说照顾不周，请他谅解。

老先生说："今天是我们结婚50周年纪念日，我们第一次坐飞机，实在很抱歉，因为行动慢，给大家造成不方便……"

老先生的话让刚才埋怨他们的人都感到不安，整个机舱忽然安静下来，大家都不说话了。

这时候，机上的另一位空乘人员拿来了香槟酒，邀请大家一道庆祝这对老夫妇50周年的结婚纪念日。人们开始鼓掌，在掌声和祝福声中，两位老人露出非常开心的笑容。而中年男子愧疚万分，连忙端起可乐杯，向两位老人赔礼道歉。

下了飞机，男子马上打开手机，给妻子打了个电话，为他刚出门时的急脾气道歉。当天，中年男子没有与那位因一念之差侵犯他著作权的年轻人对薄公堂，而是在一间咖啡厅与他达成谅解协议。

事情过后，中年男子调整了生活和工作的重心，陪伴妻子和女儿的时间大大增多了。那年的父亲节，他收到刚上小学一年级的女儿精心挑选的礼物。

生活中，外在的现实需求和内在的精神探索，对我们施加了两个方向完全相反的拉力。这样拉扯的直接结果就是产生繁重的内在压力，进而造成我们生理和精神的紧张。想要跳出压力的怪圈，就要懂得取舍。否则，这种无形的压力日积月累，将会给我们的身心带来极大的伤害。

人生中有太多的比赛，能否拿到金牌并不最重要，关键是能一如既往地保持平和的心态，从每一次比赛中汲取有益的经验，以人之长，补己之短，如此，方能走得长远。

第五章 睿智从容，淡定取舍：抉择时要静得下心

一个人在追逐梦想的过程中总会面对这样或那样的抉择。在抉择的岔路口，你往往会举棋不定：是追求世俗的成功，还是满足于内心的渴望？是留在原地固守成果，还是放弃稳定锐意进取？剔除杂念，审视内心，你才能发现自己真正想要的是什么。时刻保持冷静，不因外界的声音而摇摆不定，人生的价值才能得以实现。

做自己，才能与众不同

艾丽莎身材高挑，脸上带着可爱的婴儿肥，给人的感觉既美丽又亲切。因为出色的容貌和身材，她被好莱坞的一位资深经纪人相中，并推荐她去参加一个大型的选美比赛，优厚的奖金使艾丽莎动了心。

参加比赛的选手来自美国各地，她们各具风采，都非常漂亮。激烈的竞争下，艾丽莎经过一轮又一轮淘汰，最后和其他四名选手一起杀入决赛。为了方便选手调整状态，在决赛前，大赛组织者给了选手们半个月的休息时间。

艾丽莎在备战期间分析了剩下的三位选手，并将其中一

个叫迈达斯的选手当作她的潜在对手。迈达斯身材瘦削，颇具骨感美，显得冷艳而神秘，每次都能获得评委的好评。面对这样优秀的对手，艾丽莎有点自卑，她意识到自己那张肉乎乎的脸没有一丝高贵神秘可言。于是，艾丽莎开始了疯狂的减肥计划，每天只吃一点低热量的蔬菜和水果，完全没有摄入主食，短短几天时间，她就瘦了十斤。到了决赛那天，经纪人看到她的样子立刻惊叫起来。原来，由于过度减肥，艾丽莎严重营养不良，她的双颊瘦得凹陷下去，神色非常疲倦，肌肉和皮肤也变得松弛。

“本来你很有可能赢得冠军，但现在看来，几乎是没有希望了。那些佳丽大多身材瘦削，颇具骨感美，可爱的婴儿肥正凸显了你，与众不同的风格。遗憾的是，你没有看到自己的这一优点，反而去效仿他人。所以，你注定失败。”

比赛结果果然不出这位经纪人所料，艾丽莎与冠军失之交臂。

有位哲人说过：“对于这个世界来说，你是全新的，从天地诞生那一刻一直到现在，没有一个人跟你完全一样，以后也不会有。”遗憾的是，很多人并不懂得这个道理，他们认识不到自己的独一无二，不知道自己内心到底要追求什么，只是亦步亦趋地效仿他人的长相、举止、腔调。结果，自我的独特性消失，自我的价值被否定。

教育学家安古罗·派屈认为，世上最痛苦的事莫过于想做其他人。即使你是一个天赋非凡的人，如果你忽视或故意掩饰自己的独特个性，盲目去效仿别人，最终也只能沦为追随他人的牺牲品。做盗版的别人，还是正版的自己？当你在为人生做抉择的时候，一定要静下心来好好思考这个问题。

意大利著名影星索菲娅·罗兰自1950年从影以来，已拍过60多部影片，她的演技炉火纯青，曾获得1961年度奥斯卡最佳女演员奖。然而，当她抱着演员的梦想刚到罗马时，很多人给出了否定的意见，因为她个子太高、臀部太宽、鼻子太长、嘴太大而下巴太小，完全不符合传统意义上的审美。

制片商卡洛对索菲娅说：“如果你真想干这一行，就得把鼻子和臀部‘动一动’，这样你就像意大利式的演员了。”尽管索菲娅·罗兰很想从事这一行，但她断然拒绝了卡洛的要求。她说：“我为什么非要长得和别人一样？鼻子和臀部都是我身体的一部分，我想要它们一直保持现在的样子。”

索菲娅·罗兰没有放弃自己的理想，她决心不依靠美貌而是内在的气质和精湛的演技来获胜。最终，她成功了！那些关于“鼻子”“嘴巴”“臀部”的非议也消失了，这些特征反倒成了美女的新标准。20世纪末，索菲娅·罗兰还被评为本世纪“最美丽的女性”之一。

后来，索菲娅·罗兰在其自传《爱情和生活》中写道：“自从开始从影，我就出于自然的本能，知道什么样的妆容、发型、衣服最适合我。我谁也不模仿。我从不奴隶似的跟着时尚潮流走。”

索菲娅·罗兰始终知道自己是谁，充分认识到自己的独一无二，勇敢地面对自己的不同，认同自己的不同，欣赏自己的不同，最终形成独一无二的风格，甚至改变了他人的审美标准。可见，保持本色才是最大的成就。

每个人都有属于自己的位置和角色，你有模仿别人的想法，也许是因为你暂时还不知道自己内心到底在追求什么，没有找到适合自己的角色。那么，不妨先停下脚步等待，等找到适合自己的位置和角色，再向着目标努力，这样才能不走错方向，不枉费时间和精力。

每一个生命都以其独特的姿态存在着，你不可能成为别人，更没有必要成为别人。同样地，你只有做自己，才不会轻易被他人取代。当你游移不定时，不妨重温卡耐基告诫我们的幸福观：“发现你自己，你就是你。记住，地球上没有和你一样的人……在这个世界上，你是一种独特的存在。你只能以自己的方式歌唱，只能以自己的方式绘画……”

不取悦他人，按自己的意愿生活

有个人一心一意想升官发财，可是他从风华正茂熬到两鬓斑白，也只是一个不起眼的小官。他整日郁郁寡欢，每次想起自己这几十年的人生就掉泪，有一次竟号啕大哭起来。

一位朋友觉得奇怪，便问他到底为何如此难过。他回答道："你有所不知。年轻的时候，我的上级爱舞文弄墨，我便学着作诗、写文章，想不到，刚有点小成绩，却又换了一位爱好武学的上峰。我赶紧开始研究兵法，不料上峰嫌我学识尚浅，还是不重用我。后来，换了现在这位。我自认文武兼备，人也老成了，谁知他喜欢青年才俊，我……"

"我一直想得到上级的欣赏和重用，但是……"说着，这个人又禁不住哭泣起来，"如今我年事已高，过不了几年就要告老还乡了，却仍一事无成，你说我怎么能不难过？"

美国著名心理学家马斯洛认为，每个人都有尊重的需要。表现在个体身上，就是每个人都希望能得到别人的认可，希望别人能给予自己积极的评价。这就不难理解，为何多数人希望活在别人的掌声里。

活在别人的掌声里固然让人欢欣雀跃，但每个人的主观感受不同，评判事物的标准也有差别，即使我们千般小心、万般在意，也照样难以让所有人满意。如果为了赢得所有人的欣赏而小心翼翼地行事，就很容易搅乱自己的心，失去原本的方向和标准。如果说人生是一场戏剧，那么你所在乎的应该是自己渴望表演什么，而不是观众希望看到什么。以他人的满意度作为衡量自己生活的准则，这样的生活必然是索然无味的。

不随波逐流，保持独立的思考

农夫与儿子共同赶着一头驴到附近的市场去做买卖。

没走多远，父子俩就看见几个路人对他们指指点点。其中一个人大声喊道：“你们见过像他们这样的傻瓜吗？有驴子不骑，宁愿自己走路。”听到这话，农夫心想也是，立刻让儿子骑上驴，自己则跟在后面。

走了一会儿，他们遇见一位老者，只听他哀叹道：“现在的老人可真可怜。看那个孩子，只顾自己骑驴，却让年老的父亲走路。”农夫听到这话，连忙让儿子下来，自己骑了上去。

走了一半的路程时，父子俩又遇上一群孩子，几个孩子七嘴八舌地乱喊乱叫着：“嘿，你们瞧那个狠心的爹，他怎么能自己骑着驴，让孩子跟在后面走呢？”农夫听罢，又立刻叫儿子上来，与他一同骑在驴背上。

结果，快到市场时，两人又听到有人说：“哟，这驴太惨了，竟然驮着两个人！”另一个人插嘴道：“谁像他们这么骑驴啊！瞧，那驴都累得气喘吁吁了，这样的驴哪有人肯买。”

听罢，农夫对儿子说：“怎么骑驴都是错，依我看，不如咱们两个驮着驴子走。”于是，他和儿子急忙从驴背上跳下来，用绳子捆住驴腿，又找了一根棍子将驴抬起来，继续卖力地向前赶路。

当父子俩使出浑身力气将这头驴抬过闹市入口的小桥时，桥头上有一群人见到他们的窘状，又发出一阵哄笑。驴子听到笑声，受了惊吓，挣脱了捆绑，撒腿就跑，不想却失足落入河中，淹死了。农夫最终空手而归，他既懊恼又羞愧。

在生活中，每当要处理一件事情，张三说应该这么做，李四说应该那样做，隔壁的王大妈、看门的李大爷都出来发表意见，这时候，如果你不能静下心来仔细思考，很容易会思绪混乱，否定自己原本已经成熟的想法，如此只会离成功越来越远。

不盲目听从他人的意见，不随便听信所谓的真相，这是一个心智成熟的人必备的能力。互联网时代的技术发展为人们获取信息提供了便利，同时也更加考验人们对信息的鉴别力。

失去独立思考、不能去伪存真的人，容易在信息的汪洋中随波逐流，逐渐被其湮没。

一次，音乐指挥家小泽征尔去欧洲参加世界级的指挥家大赛。决赛时，他被安排在最后一个表演。在拿到评委会工作人员提供的乐谱后，他稍稍做了一点准备就全神贯注地开始了指挥。突然，小泽征尔发现乐曲中出现了一处不和谐音，他以为是乐队演奏错了，就停下来重新指挥演奏，但还是不行。

“是不是乐谱错了？”小泽征尔问评委们，在场的评委们都郑重声明乐谱没问题，刚才是小泽征尔的错觉。小泽征尔又仔细看了看乐谱，坚信自己的判断是正确的。这时，他没有犹豫，而是大声说：“不！一定是乐谱错了！”

话音刚落，评委们立即报以热烈的掌声。原来，这是评委们精心设计的“圈套”。前面的选手虽然也发现了乐谱的错误，但在遭到评委们的否定后就不再坚持自己的意见了，只有小泽征尔坚信自己的判断。最终，他摘取了这次比赛的桂冠。

不因他人的评议而对自己心生怀疑，这种坚持己见的精神是非常可贵的。卓越者总是曲高和寡，平庸者往往附和者众。做人有主见难，能够坚持己见更是难上加难。这需要我们在注重学识能力积累的基础上，静下心来，不偏听，不偏信。

有时，我们会在抉择面前犹豫不决，并向他人征求意见。

吸纳他人的想法代表着一种开放的心态，值得推荐。但如果不经过思考便按照他人的意见行事，则是糊涂莽撞的。没有人比你更了解自己，懒得思考，将事物的决定权交由他人，就是对自己不负责任的表现。如“墙头草”一般摇摆不定，更是对自己的时间与精力的无谓消耗。保持独立的思考，坚持自己的立场，不被别人的意见所左右，是一个人人格独立的开始。一个人只有忠于自己，才能影响他人。

善待自己的梦想，活出积极的人生

新东方董事长俞敏洪曾说过这样一段经典的话：“每一条河流都有自己不同的生命曲线，但是每一条河流都有自己的梦想，那就是奔向大海。我们的生命有的时候会是泥沙，你可能就会像泥沙一样慢慢地沉淀下去了，一旦你沉淀下去了，也许你不用再为前进而努力了，但是你却永远见不到阳光了。”

坚持梦想，还是放弃梦想，这是一个重要的人生抉择。

有人说，现实些，安安稳稳过日子才是真，不要去追求那些虚妄的东西；也有人说，梦想终究是一场实现不了的空想；还有人甚至嘲笑道：梦想不过是小孩子的无知诳语，没用……

梦想是一个人对自己、对人生的构想，它是目标，也是期望。每个人都有做梦的权利，也有实现梦想的机会。只不过，有的人敢抛开一切去实现梦想，而有的人心里有着更多的牵绊，梦想便慢慢地后退，直至落幕退场。

假如你现在的生活如一潭死水，无聊枯燥，不过是看不到希望的循环往复，那么就去创造一个梦想。梦想没有大小之分，它可以是你现阶段渴望达成的，也可以是面向未来的，关键在于它应是你愿意付出努力去实现的。梦想可以为人带来积极的行动力和改变力，确立一个梦想，让它为你带来正能量。

美国服装业巨子雷夫·罗伦从小就喜欢做梦，他像每个爱美的女孩一样，希望能穿上让自己更加英俊的衣服。当别的孩子玩闹时，罗伦却会将更多的心思放到服装上。他细心地研究父母和自己衣服的样式、质地、纹路、设计等。渐渐地，他拥有了辨认衣料好坏、真伪的本领。上中学后，罗伦用辛苦攒下的钱买各种衣服，不断培养自己对服装的鉴赏能力。

进入服装界的梦想一直在罗伦的脑海中盘旋。毕业后，他凭借着自己高超的鉴赏能力，获得一家领带制造公司的重用。后来，在朋友的提议下，罗伦和朋友合资建立了PoloFashion公司。罗伦有了发挥才华的空间，他的设计很快就获得年轻人的追捧，掀起一股流行狂潮，Polo从此成为男装革命的急先锋，罗伦创立的Polo服饰王国也成了快速致富的典范。

没有专业背景的雷夫·罗伦是凭借幸运才获得发展事业的机会，成为极具影响力的设计师的吗？答案当然是否定的，是梦想给了雷夫·罗伦坚定的信念和不断进步的动力。

在人类所具有的种种力量中，最神奇的就莫过于梦想的力量了。我们的生活会因梦想而改变，日后能够取得多大的成就也与梦想息息相关。当我们做出决定的那一刻，命运也注定就此改变。功成名就者与碌碌无为者的区别就在于此。

一个真正善待自己的人，永远都知道自己心中真正想要的是什么。清善待自己的梦想，追求自己的梦想，并用梦想陶冶自己的情操，为现实增添亮色。无疑，这种人是懂得生活乐趣的，也更能赢得他人的欣赏。人生是一场以梦为马的旅行，一个人怀有梦想，并且乐意去做，命运才能出现转机。别介意自己的梦想是否崇高伟大，认准了它，就去实现它。

执着专一，才能成功

亚马孙河边的清水吸引来了大量的斑马，它们尽情地享受着大自然的恩赐。然而，它们不知道的是，这里潜伏着巨大的危机。一只饥饿的雄狮正在不远处的草丛中，缓慢地向它们靠近。突然，雄狮像箭一样急冲出去，凶狠地向一只未成年的小斑马扑去。

斑马群受到惊扰，四散开来，慌忙地逃跑，有的甚至就在雄狮的旁边，但是雄狮的眼睛始终没有离开自己锁定的猎物，对那些靠近它的斑马视若无睹。终于，那只幼小的斑马因体力不支而被凶悍的雄狮扑倒，落入它的口中。

雄狮为什么不放弃先前那只幼小的斑马，改去追离它更近的斑马呢？因为雄狮和它追逐的斑马都已经跑得精疲力竭了，而其他的斑马并没有跑累。如果雄狮在追赶途中改变目标，追赶精力充沛的斑马，转瞬间就会被甩到身后。紧盯一个目标，是雄狮在残酷的动物世界中的生存之道，也是它们在捕猎时屡屡得手的法宝。

曾看过一幅令人深思的漫画：一个人在凿井，凿一处，还很浅，没有见水就换一处；又凿得很浅，没有见水，就再换一处……他一连凿了好几处，都没有见到水。另一个人也在一处凿井，一直凿下去，始终没有更改目标，终于见到了水。

目标不够专一，东一锹西一锹，再松软的土地也凿不到水源，不如沉下心来，坚持不懈地凿一口井。正如罗曼·罗兰所言：“与其花许多时间和精力去凿许多浅井，不如花同样的时间和精力去凿一口深井。”生活中，急于成功、不甘寂寞的人太多了。不少人左顾右盼，看见别人做什么有前途，就立马丢下手中原本做的事。这样三心二意，最终只会一事无成。

成功不是什么复杂的事情，重要的是你要能收住心，专心于一件事。还记得“滴水石穿”的故事吗？水本来是世间至柔之物，但是当它专注的时候，再坚硬的石头也能被砸出坑洞来。

一位在国内有一定影响力的花鸟画家在16岁时就举办了个人画展，多幅作品被选送至日本、意大利、美国、法国等展出，被誉为“天才画童”。

一次画展招待会上，有人问画家：“现在的画家很多，你是如何从众人中脱颖而出的呢？这个过程是不是很不容易？”

画家微笑着摇摇头，回答道：“一点都不难。其实，我差一点当不了画家。小时候，我兴趣非常广泛，也很要强。画画、游泳、手风琴、篮球，必须都得第一才行。这当然是不可能的，有段时间我心灰意冷，觉得前途渺茫。

“后来，我的老师知道了。他找来一个漏斗和一捧玉米种子，让我将双手放在漏斗下面接着，然后捡起一粒种子投到漏斗里面，种子便顺着漏斗滑到了我的手心。老师投了十几次，我的手中也就有了十几粒种子。然后，老师一次抓起满满的一把玉米粒放在漏斗里面，玉米粒相互挤着，竟一粒也没有掉下来。

“老师是在告诉我，目标单一，可以踏实地完成它；目标多了，反而一样都做不好。经过老师提点后，我放弃了游泳、篮球，这大半辈子只坚持学习画画，这也许就是我画得比较好的原因吧。我想，如果当初我什么都学的话，可能现在我什么都不是。”

一个人的时间和精力有限，在有生之年能找准自己要做的事情已经不容易，更不容易的是，能抗拒潮流的冲击，摆脱外物的诱惑，专心地将自己喜欢的事情做下去，哪怕一生只做好这一件事。

在一些武侠电影中，我们总能看到这样的现象，能够在武林中执牛耳的往往是有一门绝技的人，他们凭着一招绝学将自己置于强者的地位，而那些普通的习武之人，虽然各门各派的武功都懂得一点，但是始终一事无成。

有的人做了一辈子事，却没有一件能让人记住；有的人一辈子只做了一件事，却对人们的生活产生了深远的影响。在做人生选择的时候，静下心来专注地做好某件事情，远比四面出击聪明得多。

从现在开始，让沸腾的心沉静下来，找一个能充分发挥能力的平台，专心做好自己手头的工作，不再让其他事情扰乱心神。只要我们能够保持这种状态，就能创造出令人惊叹的成就，走出成功的人生。

从容取舍，只在一念之间

德山禅师曾师从龙潭大师，日复一日地诵经苦读让德山有些忍耐不住。一天，他对师父说："说实话，我真心地想跟着师父学习，但是这样的生活实在无趣极了，我不知道自己是否该继续下去……"

龙潭大师笑了笑，说："鹰是世间寿命最长的鸟类，当鹰活到40岁时，身体各方面开始老化，爪子不能有力地抓住猎物，喙变得又长又弯，羽毛长得又浓又厚，飞翔都显得有些吃力。这时，它有两种选择：在悬崖上筑巢，安然地停留在那里等死，或者开始一次痛苦的重生。"

见德山满脸迷惑，龙潭师父继续说道："那是一场150天漫长的磨炼。鹰首先用它的喙击打岩石，直到喙完全脱落，然后静静地等待新的喙长出来，再用新长出的喙把指甲一根一根地拔出来。当新的指甲长出来后，它再把羽毛一根一根地拔掉。5个月后，新的羽毛长出，鹰经历了一次新生。"龙潭师父顿了顿，意味深长地问道："静下心来想一想，如果你是一只老鹰，你会选择等待生命的枯萎，还是选择生命的重生？"

尽管蜕变的过程非常残酷，但老鹰还是选择放弃安逸的等待。德山终于明白，想做一代大师就必须放弃安逸懒散，忍耐诵经苦读的平寂和孤独。

人在一生中会面临数不尽的选择，是左是右，是取是舍，经常会让人矛盾、纠结，乃至绝望无助。人们会因有多种选择而心生苦恼。但是，当我们静下心来，冷静客观地认识自己、认识环境，理性地规划自己的生活时，眼前便会展现出一番豁然开朗的景致，抉择也就不再那么复杂了。

人之所以会在选择面前左右为难，不过是因为太贪心。想获得清闲，选择薪水低微的工作，又害怕无所事事；想从事高薪的工作，又担心责任太重、压力太大……如果总是这样患得患失，必将在选择面前犹疑不决，最终哪一边都做不好。

抉择本就是一个痛苦取舍的过程，明知如此而不愿舍，永远也无法做出抉择。“两弊相衡取其轻，两利相权取其重”，自然能够走出犹豫的泥沼。

大学毕业后，成绩优秀的杜嘉获得了出国进修的机会，同时一家全国500强企业也向他抛出“橄榄枝”。留学、工作都是好机会，杜嘉惆怅，不知道该如何选择。

不过，杜嘉是一个聪明的人。“我到底想要什么呢？”他一次次地问自己。最终，他确定留学是自己一直以来的梦想，也是大部分人人生成长最快的一段经历，这不能用金钱来衡量。于是，他毅然放弃了待遇优厚的工作。

在留学的三年时间里，杜嘉结识了很多有趣的朋友，收集了更多元化的信息，思考、沟通、谈判能力都得到很大提高。毕业后，他回国自主创业，如今已是硕果累累。

静心想想自己内心追求的东西，明确孰是孰非、孰轻孰重，你必然会知道该如何选择。果敢地放弃和义无反顾地选择，这是对智慧和勇气的修炼。在抉择时，我们不要总想着让自己多得到一些，纠结于得与失的比较，而是静下心来，把握舍与得的尺度。为了得到熊掌而坦然地放弃鱼，如此我们才能获得内心真正想追求的东西，心中的不平衡感自然就会减少甚至消失。懂得取舍，便能把握住人生成功的机遇。

第六章　收敛锋芒，不骄不躁：处世上要沉得住气

身处闹市之中，你需要掌握大智若愚的处世哲学。大智若愚，是胸中有丘壑而不动声色的稳重，是面临厚重欲望及时撤退的理性，是与他人相处和谐共存的宽容。人生难得糊涂，大度的"糊涂"可平息矛盾，理智的"糊涂"可化险为夷。

大智若愚是一种处世哲学

明代有个叫况钟的人。最初，他只是一个追随在尚书吕震左右的小吏。因为头脑精明、办事忠诚，他被吕震提升为主管，后又推举为礼部郎中，最后出任苏州知府。

况钟初到苏州时，府里的小吏围着他转悠，请他批示。况钟佯装对政务一窍不通，瞻前顾后地询问小吏，小吏说可行就批准，小吏说不行就否决，一切听从下属的安排。这种情况持续了一段时间，许多官吏看到来了一个昏头昏脑的上级，高兴得手舞足蹈，个个眉开眼笑，认为自己可以胡作非为了。于是，他们开始放心大胆地做自己想做的事。

突然有一天，况钟召集当地上下官员，一改往常的愚笨

之态，双目炯炯有神，一脸正气地大声责骂道：“你们这些人中有许多奸佞之徒，有些事明明可行，却阻止我去办；有些事明明不可行，却怂恿我去做，以为我是个糊涂虫，竟敢如此耍弄我，实在太可恶了！”

况钟当即下令，将其中几个小吏捆绑起来一顿狠揍，然后扔到街上。况钟的这番举动让其余下属胆战心惊。原来，知府大人心里比谁都清楚，明亮得很。从那时起，当地小吏一改往日拖拉、懒散的作风，积极地工作。自此，苏州得到大治，百姓安居乐业。

真正有大智慧的人，给人的印象往往显得有点愚钝。在“愚笨”的背后，其实隐含的是深思熟虑。愚者就像移山的愚公，做的事看上去傻傻的，其实每一件都有他自己的道理，里面都蕴含着玄机。他们不急于向他人证明自己的聪慧，不急于求得想要的结果，他们有耐心，也有信心，想一击即中想要的成果。

唐宣宗李忱从小就性格内向，不善言语，与同龄的孩子相比，显得有些才智不足。随着年岁的增长，李忱慢慢长大，却变得更加沉默寡言，好像无论遇到什么事，他都无动于衷的。

李忱命运的转折点出现在他三十岁的时候。唐朝第十六位皇帝唐武宗食用了有毒的仙丹，突然驾崩。由于先帝在世时没有确定继位人选，权臣为了继续独揽朝政，将李忱迎回长安，黄袍加身，成为唐朝第十七位皇帝唐宣宗。

就在李忱登基的那一天，大明宫里的所有人都惊呆了。曾经的低能儿一下子消失了，出现在他们面前的是一个聪明睿智的君主。为了改变当时朝政腐败、宦官专权的现状，他先贬谪李德裕，结束牛李党争，随后勤俭治国，减少赋税，并且注重选拔人才。李忱的一系列改革措施是有效的，唐朝国势有所起色，阶级矛盾有所缓和，百姓日渐富裕，暮气沉沉的晚唐呈现出“中兴”的局面。

李忱的戏一演就是三十年。他用超乎常人的耐心，把“愚蠢”演绎得炉火纯青。他将自己愚不可及的形象深入人心，在保全自己的同时，用智慧成就了一番伟业。做大事不是一朝一夕就能完成的，中间的复杂与曲折有时让人无法预料。古时候，人们以大智若愚躲避灾祸，而今人则以大智若愚化解矛盾。很多时候，解决矛盾的方法并不只有针尖对麦芒，也可以适时地因“愚”而后退一步。

难得糊涂，让人生更美妙

英国剧作家萧伯纳小时候头脑聪明，说话幽默，很早就显露出在文学上的天分。年轻时，他总爱表现自己的才华，有时说话尖酸刻薄，使朋友们很难堪。

有一天，他的一个好朋友坦诚地对他说：“虽然你说话风趣幽默，但是大家都觉得，如果你不在场，他们会更快乐，而你在的时候，大家就不敢开口。大家都知道你才华出众，可你总喜欢抢别人的风头。这样的话，朋友都会离开你，你的人生也会变得非常孤独。”

朋友的一番话让萧伯纳如梦初醒。从此，他讲话不再刻意表现，而是变得谦虚和逊。他把自己全部的才华发挥在文学上，这一转变使他后来在文坛上取得很大的成就。

很多人有这样的坏习惯，他们总爱不分场合地大发议论，无节制地说三道四，大有“初生牛犊不怕虎”的精神。殊不知，这种自我炫耀的行为会给人留下傲慢、偏激的印象，在无形中就损害了自己在别人心目中的形象。但是，如果谦虚友好地表现自己，甚至时不时地冒点傻气，那么不仅体现出个人良好的修养，还增加了亲和力。

有时候，糊涂是人与人交往的润滑剂。别把很多事情看得那么重，别斤斤计较，宽容大度些。过分较真，追求完美，有时候反而会适得其反。人生难得糊涂，它是宽容的处世态度，是大彻大悟后的理解与包容。当你不再那么计较，反而能够以置身事外的态度冷静地分析问题、解决问题。

一位智者门下有两个非常聪慧的弟子。智者年老体衰，预感到自己将不久于人世，于是决定从两个徒弟中选一人继承他的衣钵。他把两个徒弟叫到床前，说："你们出去捡一片最完美的树叶，谁找到了，谁就是我的传人。"

听完师父的题目，两个徒弟领命而去。

没多久，智者的大徒弟就回来了。他递给智者一片非常普通的树叶，这片叶子看上去没有什么特别的地方，完美就更谈不上了。又过了很长时间，二徒弟空手而归。他非常沮丧地对师父说："我按照您的要求去找叶子，我看到外面有很多很多树叶，这片叶子这里好看，那片叶子又那里好看，却怎么也挑不出一片最完美的。"

考试的结果出来了，智者把衣钵传给了大徒弟。对于这道考题，智者解释说："世界上本来就没有绝对的完美，如果能够达到十全十美，哪里还有喜怒哀乐，哪里还有形态万千？我们每日的修习不过是为了去除心中的杂念，让自己的心境尽量达到完美的境界。”

大徒弟的过人之处在于，他知道世界上根本没有完美的树叶，该糊涂时就要糊涂，不能一味地较真，所以就找了一片普通的树叶回来交差。而小和尚没有理解题目真正的含义，他为了追求完美，跋山涉水去寻找那完美的叶子，结果却空手而归。

由这片叶子联想到我们的人生，其实人生就是不完美的，有时候对于不可能达到的高度，我们完全可以“糊涂”一下，退而求其次。人生没有绝对的完美，只有日趋臻于完美的努力。那些人生中不可避免的瑕疵，也会在“难得糊涂”中变得不那么难以忍受，也许事物本身就是这个样子的。

保护他人隐私，不侵入心理雷区

女王伊丽莎白一世有很多宠臣，其中一个名叫罗伯特的小伙子，身材颀长，相貌英俊，再加上他年轻而有活力，所以深得女王宠爱。很短的时间内，他就一跃成为女王面前的红人。

女王对罗伯特的宠爱让他越发得意和傲慢。一天上午十点左右，他来到皇宫想要面见女王。那时，女王正在梳妆打扮，罗伯特来到女王居室的门口就被侍女拦住了。侍女告诉他，女王正在梳妆，不见任何人。可是，罗伯特不想等待。他平日里看惯了富丽华贵的女王，今天很想看看平常生活中的女王，毕竟那是一个深爱他的女人。于是，他不顾侍女的劝阻，径直闯进了女王的居室。

罗伯特的突然闯入让女王大吃一惊。那时，女王刚刚起床，几个最贴身的侍女正围在她身边忙着梳妆。罗伯特似乎看起来比女王更加惊讶，因为他差不多认不出女王了。此刻的伊丽莎白灰白的头发披散在脸旁，眼角和额头上布满纵横的皱纹，双颊没有胭脂，眼睛的周围也没有油彩，平日那种耀人的神采荡然无存。

女王并没有表现出恼怒，她告诉罗伯特稍等一会儿，还把手伸给罗伯特让他吻了一下。紧张的罗伯特又恢复了洋洋得意的样子，他以为女王依然会对他百依百顺。可是，他失算了。女王非但没有召见他，还下了一道御旨：罗伯特不得踏出寝室半步。他从女王的宠儿一下子成了被软禁的囚徒。1601 年 2 月的一大，罗伯特穿着黑色的囚服，从伦敦塔的监牢里走出，走上了希尔塔的断头台。

每个人都有自己不愿意被人知道的一面，甚至在某些方面还有敏感的、不愿意别人提及的忌讳之处。关系再亲密，这些界限也不能被打破。尽可能避开这些雷区，在需要“糊涂”的时候装糊涂，才是对他人最大的尊重。

书法家王羲之的家族是东晋的望族，他的伯父王敦时任大将军，掌管东晋的兵马大权。东晋时期，王氏家族的权势之盛、地位之高，无人能及。王敦是个野心很大的人，一心想尝尝当皇帝的滋味。他有一个谋士叫钱凤，此人同样渴求成为显贵，所以一直在给王敦的野心打气。二人气味相投，成为知己。

那年，王羲之刚刚十一二岁。他平时最受王敦器重，王敦把他看作王家下一代人中的佼佼者，因此时常把王羲之留住府中。初夏的一个早晨，王羲之刚好住在王敦家中，他的卧室紧挨着客厅。王敦起床不久，钱凤就急匆匆地穿过王府大门，直奔客厅而来。王敦立即到客厅与他见面，钱凤向王敦使了个眼色，几个仆人退了下去。二人关起门来，开始研究“谋反”的机密。

二人叽叽咕咕地谈了好一阵，王敦突然停了下来。原来，他透过窗子，看到对面房间里垂着的帐子动了一动。这使他想起侄儿王羲之——他还在床上睡觉。

起兵谋反可是一件冒天下之大不韪的事，一旦走漏了风声，身家性命都将不保，王敦和钱凤对此十分清楚。此时的钱凤两眼露出凶光，对王敦说：“大将军，量小非君子，无毒不丈夫啊！”钱凤这是在怂恿王敦杀掉王羲之。

王敦心一横，“飕”的一声，拔出寒光逼人的青龙宝剑，提剑直奔王羲之床前。当他撩起帐子，正待挥剑砍下去的时候，突然停了下来。原来，他看见王羲之这时睡得正香甜，头歪在了一边，还发出微微的鼾声。

王敦十分爱惜自己的侄儿，他庆幸自己的密谋没有被侄儿听去。于是，他打消了杀念，将宝剑收入鞘中，拉着钱凤走了出去。殊不知，当时王羲之紧张得心都要跳到嗓子眼了，他尽力使自己平静下来，两眼闭着，神态自若，完全像睡着一样，一点破绽也没有露出来，如此才躲过了一劫。

中国有句古话：不知者不为罪。是福是祸有时候就在一念之间。一般人在面临突如其来的灾祸时，会慌张行事，暴露自己。而懂得“糊涂”之道的人，能够面对灾祸时机智应付，巧妙地“装作不知道”，从而化险为夷。有时候，知道得越多并非越好。与人相处，要懂得把握分寸与距离。不过分探究他人的隐私，不侵入他人心理的安全领域，才是理性的处事方式。

身有才华，但无需时时卖弄

战国时期，秦国自恃强大，四处征战。有一次，秦军攻打赵国，赵国因在长平遭到惨败而兵力不足，渐渐抵挡不住了。赵孝成王要相国平原君想办法向楚国求救。平原君决心亲自带

20名文武双全的人去楚国谈判，争取联楚抗秦。

要从手下的三千门客中挑选20人确实不容易，挑来挑去，只挑中了19个人，最后一个人选怎么也定不下来。这时，一个坐在末位的门客站了起来，说："我来当这最后一个吧。"

平原君看着眼前这张陌生的面孔，问道："先生你叫什么名字？到我门下有多长时间了？"门客平静地说："我叫毛遂，来到主人门下已三年有余。"

平原君摇了摇头，说："有才能的人就像一把锥子放在口袋里，它的尖儿很快就冒出来了。可是先生来到这儿已经三年了，我却从来没有听说过您这个人……"

毛遂解释道："你平时看不见我，那是因为我不爱出风头，不争名夺利。"

很多人认为毛遂是在说大话。可是，平原君欣赏毛遂的胆量和口才，同意让他一试。

来到楚国后，平原君跟楚王的谈判进行得很艰苦，楚王说什么也不同意出兵抗秦。门客都在台阶下等着，看到谈判毫无进展，谁也不知道应该怎么办。

这时，毛遂高声嚷道："合纵不合纵，三言两语就可以解决了，怎么从早晨说到现在，还没说完呢？"毛遂一边说着，一边不慌不忙拿着宝剑上了台阶。

楚王听见毛遂的话，非常不高兴："我正跟你的主人商量国家大事，哪里轮到你来多嘴？还不赶快下去！"

说话间，毛遂已经走到离楚王很近的地方了。他按着宝剑跨前一步说："你用不着仗势欺人，我现在可以随时取你性命！"楚王看着毛遂手中的宝剑，听到他的语气，知道他是什么事都做得出来的，不得不缓和了口气："那您有什么高见，请说吧！"

毛遂详细地分析了当时各国的情况，并着重分析了楚国当时的处境，合纵与否的优势与劣势也讲得清楚明白。毛遂这一番话，一针见血，戳到楚王的痛处，他不由得羞红了脸，连忙说："你的一番话让寡人汗颜啊！"最后，楚王同意了合纵抗秦，而毛遂回到赵国后，得到平原君的重用，成就了一番事业。

曾国藩曾说过："君子藏器于身，待机而动。"这句话可以通俗地解释为，君子的才华不要急着显露，应该等待合适的机会再展示出来。现实生活中，有些人喜欢卖弄才华，不懂得收敛光芒，结果招惹了一身麻烦；而那些真正身怀绝技的人不会刻意引起别人的注意，或者一味地靠才华博取名声，他们懂得时刻保持谦虚谨慎。

三国时期是中国历史上一个特殊时期，各路诸侯本身就是英雄，再加上门下有众多谋士，一时间，各种人才、怪才层出不穷，更不乏藏器于身的能人，庞统就是其中一个典型。

庞统相貌丑陋，天生怪异，因此不太招人喜欢。他先投奔吴国，孙权嫌他相貌丑陋而没有留用，他只得再投奔蜀国的刘备。临行前，孔明交给庞统一封推荐信，告诉他刘备见此信后一定会重用他。

庞统个性刚直，不喜欢走后门、拉关系，所以见到刘备时并没有将推荐信呈上，而是以一个普通谋职者的身份求见。刘备见到庞统，多少也有点以貌取人，因此派他去治理一个不起眼的小县。没过多久，刘备为了了解庞统的工作情况，派张飞去他所任的耒阳县察看。张飞发现庞统不理政事，终日饮酒为乐，一应钱粮诉状全不理会，非常气愤。他命令庞统于县衙当场审案。没想到，积压数日的案子不到半日就处理得干净利索且曲直分明，这使得张飞看到了庞统的真才实学，他敬佩不已。

张飞将实情报告给刘备，刘备方知自己察人有失。

古往今来，凡成大事者皆知晓深藏不露的道理。智慧不是用来炫耀的，而是要实实在在拿来用的。那些有志之士根本不在乎他人的称赞或轻视，也不会对暂时的不顺耿耿于怀。他们的自信是发自内心的，是由能力与才华积累而来的。平常不露声色，不争锋炫耀，为的是养精蓄锐，等到关键的时候一展所长。这确实是我们应该好好学习的地方。

与其深陷欲望，不如急流勇退

唐朝时，大将郭子仪位高权重。然而，每次唐代宗给他加官晋爵，他都恳辞再三，实在推辞不掉，才勉强接受。他在长安的王府，每天都是府门大开，任凭人们自由进出。郭子仪还特意嘱咐府中的人，不允许横加干涉。

有一次，郭子仪手下的一名军官要调到外地任职，便来王府辞行。他知道郭子仪府中百无禁忌，就一直走进了内宅。那时，郭子仪的夫人和爱女正在梳妆打扮，而王爷郭子仪正在一边侍奉她们，她们一会儿要王爷递毛巾，一会儿要他去端水，一个王爷几乎成了仆人。

在场的将官不敢讥笑郭子仪，回家后，都禁不住讲给家人听。于是，一传十，十传百，没几天，整个京城的人都把这件事当成笑话来谈论。郭子仪不久后也听到了这个传言，他自己并不在意，但是他的几个儿子却觉得很没面子。他们相约一起来找父亲，要他下令关起大门，像别的王府一样，不让闲杂人等出入。

郭子仪语重心长地对儿子们说："我敞开府门，任人进出，不是为了追求浮名虚誉，而是为了保全我们全家的性命。"

儿子们感到十分惊讶，忙问其中的道理。

郭子仪说道：“我郭家声势显赫，而这声势却有转眼丧失的危险。我爵封汾阳王，往前走，再没有更大的富贵可求了。在这种情况下，如果我紧闭大门，不与外面来往，只要有一个人与我郭家结下仇怨，诬陷我们对朝廷怀有二心，必然会有落井下石的人制造冤案。那时，我们郭家的九族老小都要死无葬身之地了。”

在日常生活中，有些人言辞犀利，结果得罪了旁人；有些人锋芒太露，结果惹得旁人妒忌。无论是得罪了别人，还是被别人妒忌，都会为自己增添阻力。如果你的四周都是阻力，那么你无论做什么都会寸步难行。

有阅历及处世经验的人，往往毫无棱角，深藏不露，其实他们很有可能技高一筹；他们平时看起来不爱说话，其实是在时刻严格要求自己；他们好像胸无大志，其实是懂得以行动取代言语，知道志向是用来实现的，无需时时炫耀。

春秋时期，孙武为吴国的强盛做出重大贡献，特别是在吴楚两国的战争中，起到至关重要的作用。战争结束后，吴王阖闾大宴群臣，论功行赏。吴王征求众臣意见，问他们谁的功劳最大，众臣一致认为首功非孙武莫属。众臣们的推举正合吴王心愿，吴王决心授予孙武厚禄高官，还有享不尽的荣华富贵。

但是，出乎所有人的预料，孙武对于吴王给自己的封赏却坚辞不受，而且提出辞呈，要解甲归田，告老还乡。对此，众人都大惑不解。吴王实在不愿孙武此时离开，就派伍子胥前去挽留。怎奈孙武去意坚决，任凭伍子胥劝言说尽，也不回心转意。

锋芒毕露常常是一把双刃剑，一方面可以让自己勇往直前，另一方面则会引起周围人的反感。在矛盾和问题激化之前，适时地弱化锋芒甚至收敛锋芒，是另一种“糊涂”的方式。孙武的隐退是把自己的锋芒收了起来，他放弃了高官厚禄，却保全了自己，这种急流勇退的做法需要勇气，更需要智慧。能够满足自身欲望的人是强大的，能够节制自身欲望的人却更值得称颂。与其让自己在无穷的欲望中沉沦，不如在一切刚刚好的时候鸣金收兵。善始善终未尝不是一个好的结局。

不与他人做无谓的争辩

古时有两个人发生了争论：甲认为四乘七等于二十七，乙认为四乘七等于二十八。两人争论了一天一夜，谁也没有说服谁，最后只好去找县太爷理论。

结果，县太爷判了乙二十大板。

乙感到非常委屈，颇为不服，责怨县太爷处事不公。县太爷却说：“你竟和认为四乘七等于二十七的人争论，本身就很愚蠢，难道不该受罚吗？”

这话的确耐人寻味。即使有理，若是纠缠于一些无谓的争论，也是愚不可及的做法。

古人早有言：“世俗之人，皆喜人之同乎己，而恶人之异于己也。”世界上没有两片相同的树叶，更何况人的想法。与人交往，意见不和是正常情况，出现争执也是常见现象。当与他人产生分歧时，不要揪着他人的观点不放，应试图站在对方的角度去看待问题，也许就会发现另一片天地。尝试理解他人，并不意味着一定要完全接受别人的观点，但可以让对方感觉到你在试图理解他，有为化解纷争做出努力，这样的态度非常有助于解决问题。

避免无谓的争论，是一个人有大智慧的体现。在争辩中，你看似赢了，其实仍然是输的。林肯就曾对一位和同事发生争论的青年军官说：“任何决心有所成就的人，决不肯在私人争辩中耗费时间。争辩的结果，包括发脾气、失去自制，其后果是让人难以承担的。”

第二次世界大战刚结束时，戴尔·卡耐基被邀请去参加一位被英皇授予爵位的英雄的庆祝宴会。宴席中，坐在他右边的一位声名显赫的先生讲了一段幽默的故事，并引用了一句话，大意是“谋事在人，成事在天”。

那位健谈的先生随后补充道，他所征引的那句话出自《圣经》。

“他错了，我知道，”卡耐基回忆说，“我很肯定地知道出处，一点疑问也没有。为了表现优越感，我很多事地纠正了他。他立刻反唇相讥：‘什么？出自莎士比亚？不可能！绝对不可能！那句话就是出自《圣经》。’”

“那位先生坐在右边，我的老朋友法兰克·葛孟在我的左边。他研究莎士比亚的著作已有多年。于是，我俩都同意向他请教。葛孟听了，在桌下踢了我一脚，然后说：‘戴尔，你错了，这位先生是对的。这句话出自《圣经》。’”

那晚回家的路上，卡耐基对葛孟说：“法兰克，你明明知道那句话出自莎士比亚。”

“是的，当然，”他回答，“哈姆雷特第五幕第二场。可是亲爱的戴尔，我们是宴会上的客人。为什么要证明他错了？那样会使他喜欢你吗？为什么不保留他的颜面？他并没问你的意见啊，也并不需要你的意见。为什么要跟他抬杠？要永远避免跟人家正面冲突。”

这件发生在第二次世界大战期间的小事给卡耐基留下了

深刻的印象，让他明白："得到争辩最大利益的方法就是——避免争论。"与他人争论输了，那你是失败的；即使与他人争论赢了，那你也是失败的。因为你耗费了自己的时间和精力，同时也伤害了对方的自尊心。

无谓的争论往往容易让人失去自控能力。在不断升级的话语争论中，态度渐趋蛮横，话语逐渐伤人，在不自知的情况下去挑战对方的心理防线，从而导致双方都不冷静、不自制，以致让冲动之火烧毁了理智的缰绳。英国有句谚语："无谓的争论就像家鸽，它们飞出去后还会飞回来。如果你我明天要造成一种历经数十年直到死亡才消失的反感，只要轻轻吐出一句恶毒的评语就够了。"

很多时候，问题没有绝对的对错之分，与人发生分歧时，倘若非要弄个水落石出，效果反而会弄得两败俱伤。求同存异，才能让个人的眼界更加开阔。在互相表明自己的想法时，每个人都要重视对方，尤其要特别注意自己的态度。只有沟通态度端正了，彼此才愿意真诚倾听对方的意见，才能取得良好的沟通效果。

三思而后言，杜绝冲动鲁莽

“三思而后行”早已成为流传万代的格言，用来告诫世人不要因草率的行动而留下遗憾。在现实生活中，我们不但做事要深思熟虑，说话也需仔细斟酌，三思而后言。不经考虑、脱口而出的话语，有时表达的根本不是自己的本意，却会被人误解，给人留下不好的印象，甚至造成无法挽回的伤害。与人相处，倘若能事先多考虑，想好了再说，就会大大增加彼此间沟通的融洽感。

美国艺术家安迪·沃霍尔曾经告诉他的朋友：“自从我学会闭上嘴巴后，获得了更多的威望和影响力。”这是在告诉人们，学会说话这门艺术的时候，首先要学会缄默。诚然，“不多说”固然是一种智慧，但在实际生活中，我们只能“少说”而不是完全不说。既要说话，又要说得少且说得好，这才是沉稳的说话方式。

科里奥拉努斯因英勇善战而被奉为古罗马时代的战神，闻名于世。

公元前454年，科里奥拉努斯为进一步提升自己的名望，打算竞选最高执政官。竞选这个职位的候选人必须在选举初期发表演说。科里奥拉努斯便以自己十多年来为罗马战争留下的无数伤疤作为开场白。那些伤疤证明了他的勇敢和忠诚，令人们深受感动，几乎每个人都认为科里奥拉努斯会当选。

然而，在投票日来临的时候，情况发生了变化。科里奥拉努斯在所有元老和贵族们的陪同下，走进了会议厅。科里奥拉努斯发言时，内容绝大部分是说给那些陪他一同而来的富人听的。他不但傲慢地宣称自己注定会当选，而且大肆吹嘘自己的战功，甚至无理地指责对手，还说了一些讨好贵族的无聊笑话。

他的这次演说迅速传遍了整个罗马，人们纷纷改变了投票意愿。科里奥拉努斯败选之后，心怀不甘地重返战场，他发誓要报复那些反对他的平民百姓。

几个星期后，元老院针对一批运抵罗马的物品是否免费发放给百姓这个议题进行投票，科里奥拉努斯也参加了讨论。他认为，发放粮食会给城市带来不利影响，并不假思索地发表了自己的意见，使得这一议题终未通过。接着，他又谴责民主纲领，倡议取消平民代表（即护民官），将统治权交还给贵族。

科里奥拉努斯的最新言论令平民们愤怒不已。人们成群结队地赶到元老院前，要求科里奥拉努斯出来与他们对质，却遭到他的拒绝。于是，全城爆发暴动，元老院迫于压力，投票赞成发放物品，但是民众仍然要求科里奥拉努斯必须公开道歉才可以重返战场。

迫于强大的民众压力，科里奥拉努斯只好公开露面，向群众致歉。一开始，他的发言缓慢而柔和，然而没过多久，他就变得越来越粗鲁，甚至口出恶言侮辱民众。他说得越多，民众就越愤怒。他们的大声抗议使科里奥拉努斯无法继续说下去。

随即，护民官商议判处他死刑，命令治安长官立即拘捕他，并将他送到塔西匹亚岩顶端，再丢掷下去。后来，在贵族的干预下，他被判处终生放逐。人们得知这一消息后，纷纷走上街头欢呼庆祝。

这则故事说明，不假思索、不经过滤的话是怎样毁掉一名战功赫赫的英雄的。如果科里奥拉努斯不那么多言冲动、自以为是，也就不会冒犯民众；如果在败选后他能检讨选举失利的因素，依然有机会被推举为执政官。可惜，他无法控制自己的言论，不去想什么该说什么不该说，最终自食恶果。

俗话说“祸从口出”，若话说得好，小则可以欢乐，大则可以兴国；反之，话说得不好，小则可以招怨，大则可以坏事。故而，古人云：“一言可以兴邦；一言可以丧邦。”

血气只有在“三思”后才不会一时冲动，才能降低说出蠢话的概率。我们应该做到的是，话到嘴边留三分。当一个想法、一种认知初入大脑中时，我们应先沉住气，因人、因地、因时地去思考，冷静、客观和全面地去分析，如此才能把握好说什么、怎么说。